高等职业教育智能制造精品教材

U0668866

机械零件的手动加工

吴晓芳 梁宗厚 编写

杨 超 主审

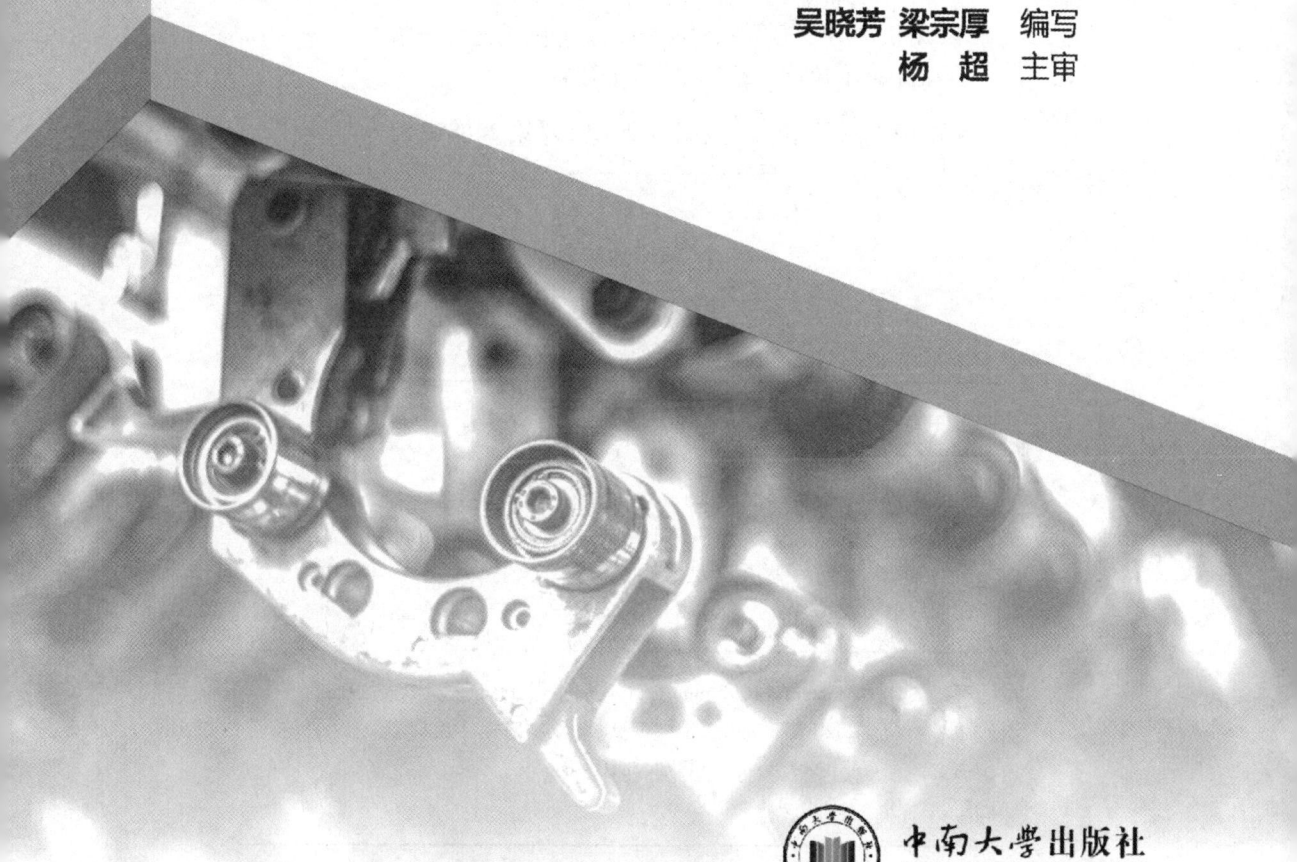

中南大学出版社
www.csupress.com.cn
·长沙·

内容简介

　　《机械零件的手动加工》是在总结课程改革经验并结合作者多年教学实践的基础上，本着够用、适用的原则，为满足高等职业院校机械类学生的需要而编写的理实一体化教材。

　　本书整合了钳工工艺学、钳工技能实训两门课程的内容，打破传统课程体系，融教、学、做为一体，按照"项目导向，任务驱动"的教学模式进行编写。以零件为项目载体，以"任务目标"为引领，以"工作过程"为教学主线，在每个项目中融入钳工基本知识及操作技能，使学生的学习过程尽可能地贴近实际生产，促进学生的自我思考与学习。本书主要内容包括设备保养与工量具使用，划线、锉削、据削、錾削操作技能训练，配合零件加工操作技能训练，孔加工操作技能训练，操作技能综合训练，国家职业技能考证综合训练题六个部分。

图书在版编目（CIP）数据

机械零件的手动加工／吴晓芳，梁宗厚编写. —长沙：中南大学出版社，2020.1
　ISBN 978 – 7 – 5487 – 3810 – 7

　Ⅰ.①机…　Ⅱ.①吴…　②梁…　Ⅲ.①机械元件－加工－高等职业教育－教材　Ⅳ.①TH13

　中国版本图书馆 CIP 数据核字（2019）第 246892 号

机械零件的手动加工

吴晓芳　梁宗厚　编写

杨超　主审

□**责任编辑**	谭　平		
□**责任印制**	易建国		
□**出版发行**	中南大学出版社		
	社址：长沙市麓山南路	邮编：410083	
	发行科电话：0731 – 88876770	传真：0731 – 88710482	
□**印　　装**	湖南省众鑫印务有限公司		
□**开　　本**	787 mm×1092 mm　1/16	□**印张** 11.5	□**字数** 291 千字
□**版　　次**	2020 年 1 月第 1 版	□2020 年 1 月第 1 次印刷	
□**书　　号**	ISBN 978 – 7 – 5487 – 3810 – 7		
□**定　　价**	38.00 元		

高等职业教育智能制造精品教材编委会

前言 PREFACE.

　　钳工技能是机械、汽车、模具等制造行业从业者所应具备的基本技能之一。本书的编写目的就是让学生掌握从事装配、设备维修、数控以及工程专业所必需的钳工基础知识、方法和技能。同时，通过钳工实习，培养和提高学生的全面素质，让学生在实习中培养吃苦耐劳的精神和认真细致的工作作风，具备良好的职业道德和良好的综合职业能力及安全操作知识，为从事专业工作和适应岗位变化以及学习新技术打下基础。本书的内容包括：钳工常用设备的介绍、量具的认识、划线、锯削、锉削、錾削、钻孔、攻螺纹、套螺纹、铰孔、铆接、矫正等基本操作以及安全操作常识。

　　本书坚持以"任务目标"引领，以工作过程为教学主线，以学生兴趣为切入点，在每个任务中又辅以相关联的基础知识，让学生尽可能地贴近实际环境。任务多为制作趣味性工件，如小赛车制作、小挖机制作等，从而激发学生兴趣，促进学生的自我思考与学习。在每章中围绕"学习目标"，根据具体项目，设置了"任务目标""任务描述""任务分析""任务实施"等环节。

　　本书内容尽可能结合专业，紧贴市场，重在应用，文字简练，图文并茂，操作性强。全书由湖南三一工业职业技术学院吴晓芳、梁宗厚编写，杨超主审。在编写过程中得到了学院领导和其他老师们的支持与帮助，参考了国内外相关文献资料，在此一并表示感谢。由于作者水平有限，在编写过程中难免会有不足之处，敬请读者和专家指正。

编　者

2020 年 1 月

CONTENTS. 目录

模块一
设备保养与工量具使用

项目1 台虎钳的拆装和保养

一、任务目标

【知识目标】

1. 明确钳工专业的性质、任务。
2. 熟悉钳工基本操作的内容。
3. 了解钳工实习场地及常用设备。
4. 了解实习场地的规章制度及安全文明生产要求。

【能力目标】

能对台虎钳正确地拆装,并合理地进行保养。

二、任务描述

教师带领学生参观钳工实训车间,了解钳工的工作内容及工作特点,认识钳工常用工具台虎钳,并指导学生完成台虎钳的拆装和保养。

三、任务分析

钳工工作有技术性强、灵活性大、手工操作多、工作范围大等特点。其加工质量的好坏直接取决于钳工技术水平的高低。台虎钳(图1-1)是钳工常用设备之一,钳工大部分的操作都是在台虎钳上完成的,我们应首先了解其结构,并熟悉它的操作和日常保养,这是学做钳工的入门技能。

四、相关知识

(一)钳工概述

钳工是以手工操作为主,利用手动工具和手工工具进行金属切削加工、产品组装、设备修理的工种。其中,手动工具主要指虎钳(台虎钳、平口钳、手虎钳)等工具;手工工具主要指手锯、锉刀、錾子、手锤等工具。

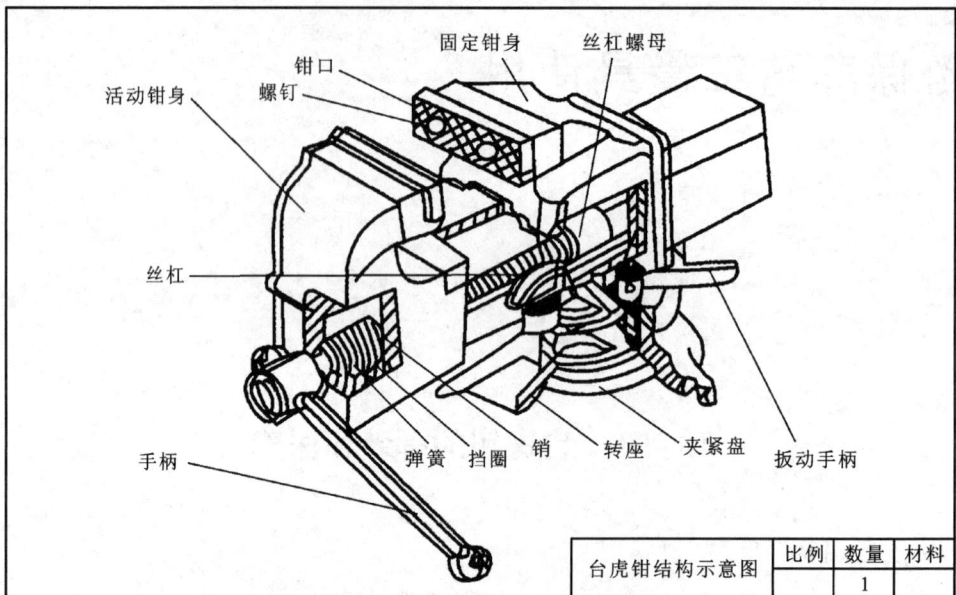

图 1-1　拆装台虎钳任务图

1. 钳工的特点

(1)实践性强。它不同于机械加工,钳工主要是靠手工操作的方式完成切削加工。

(2)操作灵活。工作不完全受场地限制,只要身边有工具,就可以把问题解决了,不像机械加工,离开机床就不能工作。尤其是修理性的工作,其操作灵活性体现得更明显。

(3)设备简便。钳工所用工具简单,制造刃磨方便,材料来源充足,成本低。

2. 钳工的应用范围

(1)加工零件。一些采用机械方法不适宜或不能解决的加工,都可由钳工来完成。如零件加工过程中的划线、精密加工(刮削、研磨、锉削样板和制作模具等)以及检验和修配等步骤。

(2)装配。把零件按机械设备的各项技术要求进行组件、部件装配和总装配,并经过调整、检验和试车等,使之成为合格的机械设备。

(3)设备维修。当机械设备在使用过程中产生故障,出现损坏或长期使用后精度降低,影响使用的现象时,也要通过钳工进行维护和修理。

(4)工具的制造和修理。制造和修理各种工具、夹具、量具、模具及各种专用设备。

钳工是机械制造工业中不可缺少的工种,上述钳工任务我们通过若干个模块的训练来逐步完成。

3. 钳工工种的分类

根据加工的范围,按专业把进行切削加工的定为普通钳工;把从事模具、夹具、工具、量具及样板的制作和修理工作的定为工具钳工;把组装成产品的定为装配钳工;把对机械设备进行维护修理的定为机修钳工。

2

4.钳工基本操作内容

其内容有：划线、錾切、锯削、锉削、钻孔、扩孔、锪孔、铰孔、攻丝和套丝，矫正和弯曲，铆接和粘结，刮削、研磨、装配和调试，测量和简单的热处理等。

（二）钳工常用设备

1.台虎钳

台虎钳是用来夹持工件的通用夹具，有固定式和回转式两种结构类型，图1-2所示为回转式台虎钳，其构造和工作原理如下。

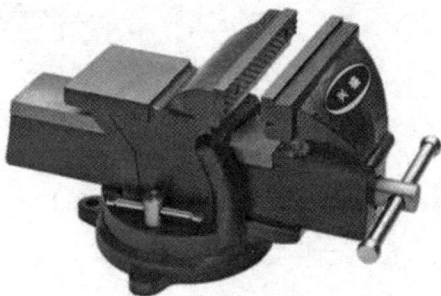

图1-2 回转式台虎钳

活动钳身通过导轨与固定钳身的导轨孔作滑动配合。丝杠装在活动钳身上，可以旋转，但不能轴向移动，并与安装在固定钳身内的丝杠螺母配合。当摇动手柄使丝杠旋转时，就可带动活动钳身相对于固定钳身做轴向移动，起夹紧或放松工件的作用。弹簧借助挡圈和销固定在丝杠上，其作用是当放松丝杠时，可使活动钳身及时地退出。在固定钳身和活动钳身上，各装有钢质钳口，并用螺钉固定。钳口的工作面上制有交叉的网纹，使工件夹紧后不易产生滑动。钳口经过热处理淬硬，具有较好的耐磨性。固定钳身装在转座上，并能绕转座轴心线转动，当转到要求的方向时，扳动手柄使夹紧螺钉旋紧，便可在夹紧盘的作用下把固定钳身夹紧。转座上有三个螺纹孔，用以与钳台固定。

台虎钳的规格以钳口的宽度表示，有100 mm、125 mm、150 mm等。

台虎钳在钳台上安装时，必须使固定钳身的工作面处于钳台边缘以外，以保证夹持长条形工件时，工件的下端不受钳台边缘的阻碍。

台虎钳中有两种作用的螺纹：①螺钉将钳口固定在钳身上，旋紧夹紧螺钉将固定钳身紧固，起到连接作用；②旋转丝杠，带动活动钳身相对固定钳身移动，将丝杠的旋转运动转变为活动钳身的直线运动，把丝杠的运动传到活动钳身上，起到传动作用。

2.钳台

钳台是用来安装台虎钳、放置工具和工件等的设备，如图1-3所示。钳台高度为800～900 mm，装上台虎钳后，钳口高度以恰好齐人的手肘为宜，如图1-4所示，长度和宽度随工作需要而定。

图 1-3　钳台

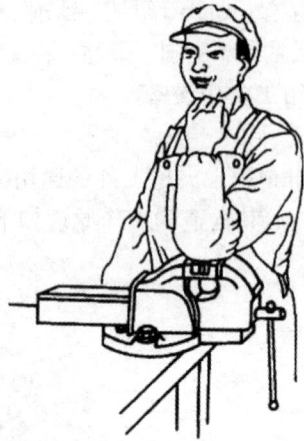

图 1-4　台虎钳的安装高度

3.砂轮机

砂轮机是用来刃磨钻头、錾子(凿子)等刀具或其他工具等的设备,由电动机、砂轮、机体(机座)、托架和防护罩组成,如图 1-5 所示。

图 1-5　砂轮机

使用砂轮机工作时一般应注意以下几点:

(1)砂轮转动要平稳。砂轮质地较脆,工作时转速很高,使用时用力不当会发生砂轮碎裂造成人身事故。因此,安装砂轮时一定要使砂轮平衡,装好后必须先试转 3~4 min,检查砂轮转动是否平稳,有无振动等其他不良现象。砂轮机启动后,应先观察运转情况,待转速正常后方可进行磨削。使用时,要严格遵守安全操作规程。

(2)砂轮的旋转方向应能够使磨屑向下飞向地面。砂轮的旋转方向应正确,以使磨屑向下方飞离砂轮。另外在使用砂轮时,要戴好防护眼镜。

4

（3）不能站在砂轮的正面磨削。磨削时，工作者应站立在砂轮的侧面或斜侧位置，不要站在砂轮的正面。

（4）磨削时施力不宜过大或撞击砂轮。磨削时不要使工件或刀具对砂轮施加过大压力或撞击，以免砂轮碎裂。

（5）应保持砂轮表面平整。要经常保持砂轮表面平整，发现砂轮存在表面严重跳动的现象时，应及时修整。

（6）托架与砂轮间的距离应在 3 mm 以内。砂轮机的托架与砂轮间的距离保持在 3 mm 以内，以免发生磨削件轧入而使砂轮破裂。

（7）要对砂轮定期检查。应定期检查砂轮有无裂纹，两端螺母是否锁紧。

4.钻床

钻床是用来对工件进行各类圆孔加工的设备，有台式钻床、立式钻床和摇臂钻床等，钳工中常用的钻床是台式钻床，如图 1-6 所示。

图 1-6　台式钻床

（三）钳工工作场地规章制度

1.热爱集体，尊师守纪；团结同学，互帮互学；听从指挥，勤学苦练。

2.不迟到，不早退，不无故缺席，不擅自离开实训岗位，不擅自开动与自己实习工作无关的机床设备。

3.进入实习场地必须穿好工作服和工作鞋，女同学要戴好工作帽；操作机床时严禁戴手套。

4.离开使用的机床前应关车、关灯、切断电源；电器设备损坏应由专职电工进行维修，其他人员不得擅自拆动。

5.爱护设备及工量刃具，工作场地要保持清洁整齐，每天下班应清理好个人用的工具并把场内打扫干净。

（四）安全文明生产要求

1. 钳工设备的布局：钳台要放在便于工作和光线适宜的地方；钻床和砂轮机一般应安装在场地的边沿，以保证安全。

2. 使用的机床、工具（如钻床、砂轮机、手电钻等）要经常检查，发现有损坏应及时上报，在未修复前不得使用。

3. 使用电动工具时，要有绝缘防护和安全接地措施。使用砂轮时，要戴好防护眼镜。在钳台上进行錾削时，要有防护网。清除切屑要用刷子，不要直接用手清除或用嘴吹。

4. 毛坯和加工的零件应放置在规定位置，排列整齐；应便于取放，并避免碰伤已加工表面。

5. 工量具的安放，应按下列要求布置：

（1）在钳台上工作时，为了取用方便，右手取用的工量具放在右边，左手取用的工量具放在左边，各自排列整齐，且不能使其伸到钳台边以外。

（2）量具不能与工具或工件混放在一起，应放在量具盒内或专用架上。

（3）常用的工量具，要放在工作位置附近。

（4）工量具收纳时要整齐地放入工具箱内，不应任意堆放，以防损坏和取用不便。

五、任务实施

（一）实习步骤

1. 工作准备

实习前要准备好如下工具、设备：钳台、台虎钳、螺丝刀、活络扳手、钢丝刷、毛刷、油枪、润滑油、黄油等。

2. 工作步骤

（1）拆台虎钳

拆卸顺序：转动手柄—活动钳身—销钉—挡圈—弹簧—钳口—手柄。

（2）清理部件

把拆下的各个工件清洗干净，对丝杠、螺母等活动表面进行润滑。

（3）装台虎钳

按与拆卸相反的顺序装好台虎钳。

（4）清理工作现场

3. 注意事项

（1）活动钳身将要卸下时，要用左手托住，以免钳身掉落到地面，甚至轧伤操作人员的脚。

（2）安装钳口板时，要用螺丝刀拧紧螺钉。如果螺钉拧不紧，台虎钳在使用时易损坏钳口板，也会使工件夹不稳。

（3）安装丝杠螺母时，要用扳手拧紧，如果拧不紧，在用力夹工件时，易使丝杠螺母毁坏。

（二）实习要求

1. 要正确使用各种工具，遵守安全文明生产要求。

2. 实习中要培养吃苦耐劳、不怕脏的优良工作作风。

3. 实习中要服从老师的统一指挥和安排。

项目 2 錾口锤子的测量

一、任务目标

【知识目标】

1. 能够掌握量具的分类和基本操作要领。
2. 明确各种量具的作用，并能够正确掌握读数方法。

【能力目标】

1. 了解钳工测量的方法。
2. 掌握钢直尺、游标卡尺和千分尺测量工件的使用步骤及方法。

二、任务描述

完成如图 1-7 所示錾口锤子各个尺寸的测量，并判断工件是否合格。

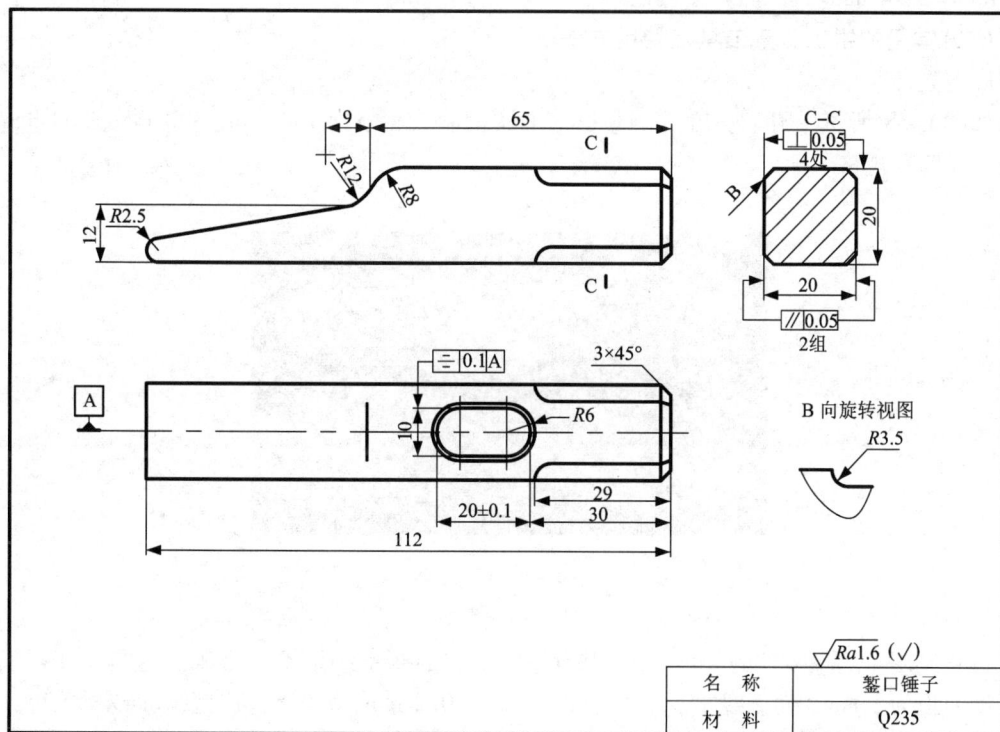

图 1-7 錾口锤子

三、任务分析

根据零件图可知，该零件有内孔、圆弧等复杂形状，有尺寸公差和形位公差要求等，要完成该零件的测量，必须能够较好地掌握钳工常用量具中游标卡尺、千分尺、半径规、直角尺等量具的结构特点和使用方法，掌握量具的保养方法，最终能够通过测量结果判断零件是否合格，分析产生误差的原因。

四、相关知识

(一)量具类型

量具是用来测量零件尺寸、零件形状、零件安装位置的工具，量具的正确使用是保证零件加工精度和产品质量的重要因素。根据其用途和特点，量具可分为以下三种类型：

(1)标准量具。标准量具如量块等。

(2)专用量具。专用量具如卡规、塞规等。

(3)万能量具。万能量具如游标卡尺、千分尺、百分表等。

在实践工作中，还会遇到英制尺寸。在机械制造中，英制尺寸以英寸为主要计量单位，1 in = 25.4 mm。

(二)常用的钳工测量工具及使用方法

1. 钢直尺

如图 1 - 8 所示，用于长度的测量，由不锈钢制成，分为 150 mm、300 mm、500 mm 和 1000 mm 四种规格。

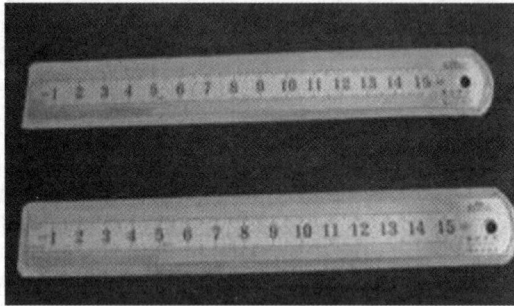

图 1 - 8 钢直尺

钢直尺用于测量零件的长度尺寸(图 1 - 9)，它的测量结果不太准确。这是由于钢直尺的刻线间距为 1 mm，而刻线本身的宽度就有 0.1 ~ 0.2 mm，所以测量时读数误差比较大，只能读出毫米数，即它的最小读数值为 1 mm，比 1 mm 小的数值，只能通过估计而得。

如果用钢直尺直接去测量零件的直径尺寸(轴径或孔径)，则测量精度更差。其原因是：除了钢直尺本身的读数误差比较大以外，还由于钢直尺无法正好放在零件直径的正确位置。所以，零件直径尺寸的测量，可以利用钢直尺和内外卡钳配合起来进行。

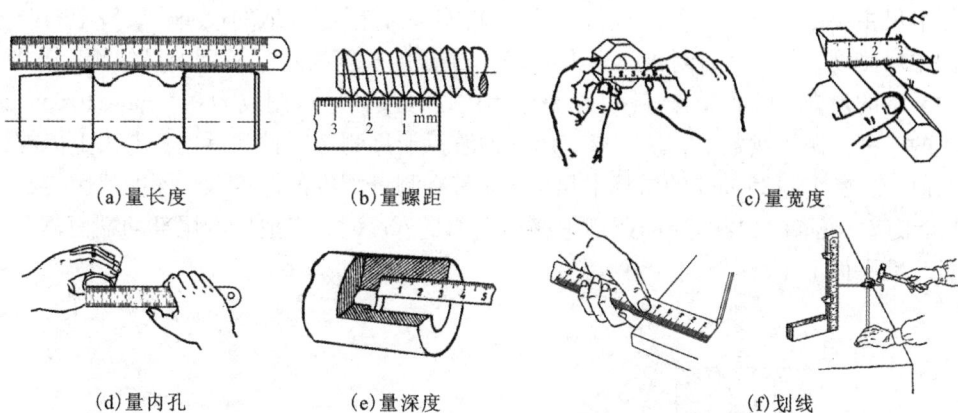

(a)量长度　　　　(b)量螺距　　　　　(c)量宽度

(d)量内孔　　　　(e)量深度　　　　　(f)划线

图1-9　钢直尺的使用方法

2.游标卡尺

游标卡尺是一种常用的量具，具有结构简单、使用方便、精度中等和测量的尺寸范围大等特点，可以用它来测量零件的外径、内径、长度、宽度、厚度、深度和孔距等，应用范围很广。常用游标卡尺如图1-10～图1-12所示。

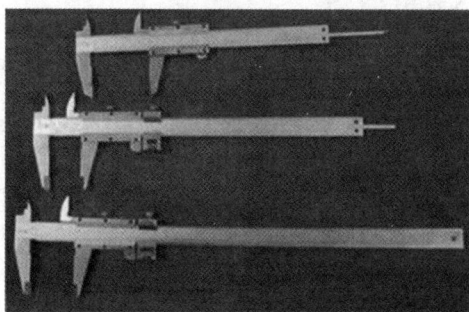

图1-10　普通游标卡尺

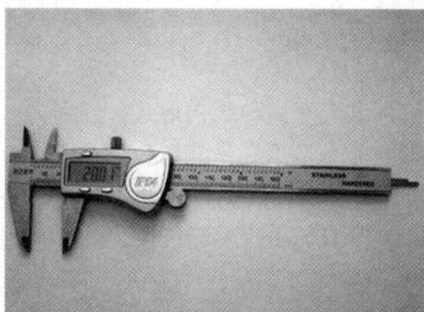

图1-11　数显游标卡尺

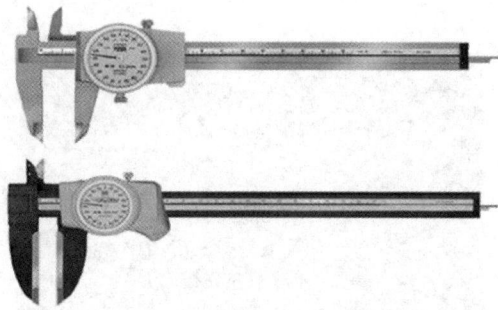

图1-12　带刻度盘游标卡尺

(1)游标卡尺的结构形式

游标卡尺主要由以下几部分组成(图1-13):①具有固定量爪的尺身,尺身上有类似钢尺一样的主尺刻度,主尺上的刻线间距为1 mm。主尺的长度决定了游标卡尺的测量范围。②具有活动量爪的尺框,尺框上有游标,游标卡尺的游标读数值可制成为0.1 mm、0.05 mm和0.02 mm的三种。游标读数值,就是指使用这种游标卡尺测量零件尺寸时,卡尺上能够读出的最小数值。③在0~125 mm的游标卡尺上,还带有测量深度的深度尺,深度尺固定在尺框的背面,能随着尺框在尺身的导向凹槽中移动。测量深度时,应把尺身尾部的端面靠紧在零件的测量基准平面上。

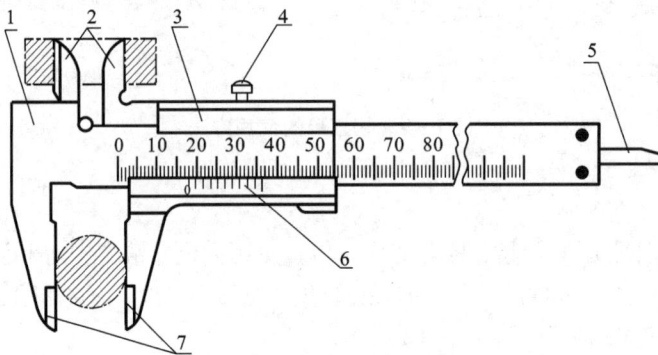

图1-13 游标卡尺的结构

1—尺身;2—内量爪;3—尺框;4—紧固螺钉;5—深度尺;6—游标;7—外量爪

游标卡尺有三种结构形式,分别为:①测量范围为0~125 mm的游标卡尺,可制成带有刀口形的上下量爪和带有深度尺的形式;②测量范围为0~200 mm和0~300 mm的游标卡尺,可制成带有内外测量面的下量爪和带有刀口形的上量爪的形式;③测量范围为0~200 mm和0~300 mm的游标卡尺,也可制成只带有内外测量面的下量爪的形式,而测量范围大于300 mm的游标卡尺,只制成仅带有下量爪的形式。

(2)游标卡尺的使用方法与读数

①检查游标卡尺。

松开固定螺钉,用棉纱将移动面与测量面擦干净,并检查有无缺陷;将两卡爪合拢,透光检查两测量面间有无缝隙,将两卡爪合拢后,检查两零线是否对齐,如图1-14所示。

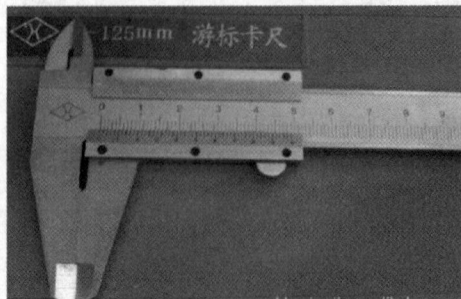

图1-14 检查游标卡尺

②夹住工件。

将工件置于稳定状态,左手拿主尺的卡爪,右手的大拇指、食指拿副尺的卡爪,移动副尺的卡爪,把两测量面张开至比被测量工件尺寸稍大,主尺的测量面靠上被测工件,右手的大拇指推动副尺的卡爪,使两测量面与被测工件贴合。对于小型工件,可以用左手拿着工件,右手操作副尺的卡爪,如图 1 - 15 所示。

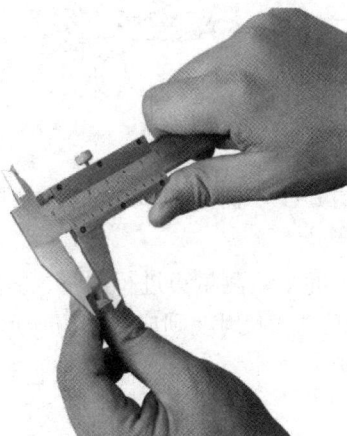

图 1 - 15 用游标卡尺检查小零件

③读数。

夹住被测工件、从刻度线的正面正视刻度读取数值,如正视位置读数不便,可旋紧紧固螺钉后,将卡尺从工件上轻轻取下,再读取刻度值。读数方法:先读出主尺身上的整数尺寸,如图 1 - 16 所示,图示主尺尺寸为 123 mm,再读出副尺上与主尺上对齐刻线处的小数,图示副尺读数为 0.22 mm,最后将 123 mm 与 0.22 mm 相加得 123.22 mm。

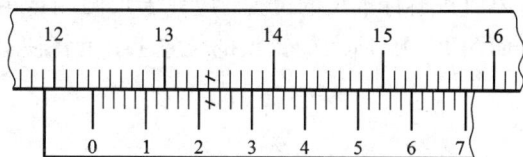

图 1 - 16 读数

(3)使用游标卡尺测量零件尺寸时,必须注意下列几点:

①测量前应把卡尺擦干净,检查卡尺的两个测量面和测量刃口是否平直无损,把两个量爪紧密贴合时,应无明显的间隙,同时游标和主尺的零位刻线要相互对准。这个过程称为校对游标卡尺的零位。

②移动尺框时,活动要自如,不应过松或过紧,更不能有晃动现象。用坚固螺钉固定尺框时,卡尺的读数不应有所改变。在移动尺框时,不要忘记松开紧固螺钉,但不宜过松以免掉落。

③当测量零件的外尺寸时，卡尺两测量面的连线应垂直于被测量表面，不能歪斜。测量时，可以轻轻摇动卡尺，放在垂直位置，如图1-17所示。否则，量爪放在错误位置上，将使测量结果比实际尺寸要偏大。测量时，先把卡尺的活动量爪张开，使量爪能自由地卡进工件，把零件贴靠在固定量爪上，然后移动尺框，用轻微的压力使活动量爪接触零件。

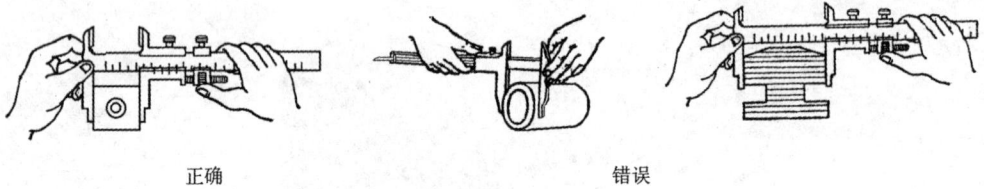

正确   错误

图1-17 测量外尺寸时正确与错误的位置

测量沟槽时，应当用量爪的平面测量刃进行测量，尽量避免用端部测量刃和刀口形量爪去测量外尺寸。而对于圆弧形沟槽尺寸，则应当用刀口形量爪进行测量，不应当用平面形测量刃进行测量，如图1-18所示。

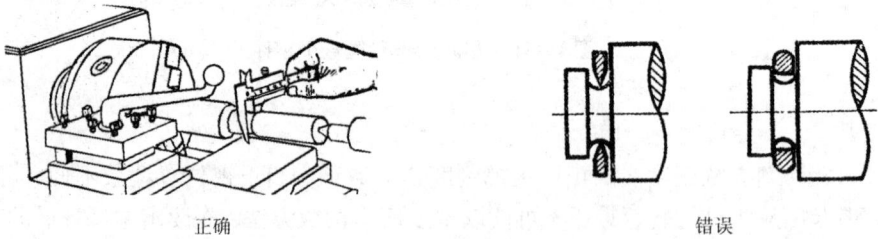

正确   错误

图1-18 测量沟槽时正确与错误的位置

测量沟槽宽度时，也要放正游标卡尺的位置，应使卡尺两测量刃的连线垂直于沟槽，不能歪斜。否则，量爪若在如图1-19所示的错误的位置上，也将使测量结果不准确(可能大也可能小)。

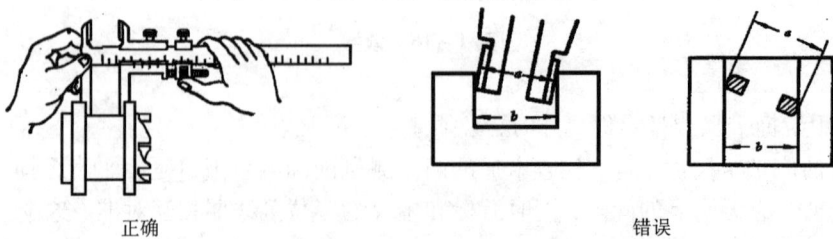

正确   错误

图1-19 测量沟槽宽度时正确与错误的位置

④当测量零件的内尺寸时，要使量爪分开的距离小于所测内尺寸，进入零件内孔后，再慢慢张开并轻轻接触零件内表面，用坚固螺钉固定尺框后，轻轻取出卡尺来读数(图1-20)。

取出量爪时,用力要均匀,并使卡尺沿着孔的中心线方向滑出,不可歪斜,以免使量爪扭伤、变形和受到不必要的磨损,同时会使尺框走动,影响测量精度。

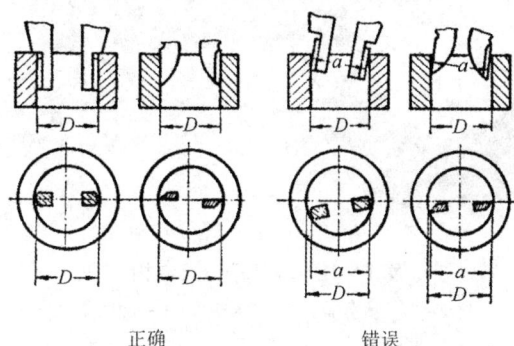

图1-20 测量内孔时正确与错误的位置

⑤用游标卡尺测量零件时,不允许过分地施加压力,所用压力应使两个量爪刚好接触零件表面。如果测量压力过大,不但会使量爪弯曲或磨损,且量爪在压力作用下产生弹性变形,使测得的尺寸不准确(外尺寸小于实际尺寸,内尺寸大于实际尺寸)。

⑥在游标卡尺上读数时,应把卡尺水平地拿着,朝着亮光的方向,使人的视线尽可能和卡尺的刻线表面垂直,以免由于视线的歪斜造成读数误差。

⑦为了获得正确的测量结果,可以多测量几次,即在零件的同一截面上的不同方向进行测量。对于较长零件,则应当在全长的各个部位进行测量,才能获得一个比较正确的测量结果。

3. 千分尺

千分尺的种类很多,机械加工车间常用的有外径千分尺、内径千分尺、深度千分尺、螺纹千分尺和公法线千分尺等,可分别测量或检验零件的外径、内径、深度、厚度以及螺纹的中径和齿轮的公法线长度等。

(1)千分尺的结构组成

各种千分尺的结构大同小异,常用外径千分尺来测量或检验零件的外径、凸肩厚度以及板厚或壁厚等(测量孔壁厚度的百分尺,其量面呈球弧形),准确度可达0.01 mm。千分尺由尺架、测微头、测力装置和制动器等组成。尺架的一端装着固定测砧,另一端装着测微旋杆。固定测砧和测微旋杆的测量面上都镶有硬质合金,以提高测量面的使用寿命。尺架的两侧面覆盖着绝热板,使用千分尺时,手拿在绝热板上,防止人体的热量影响千分尺的测量精度。外径千分尺结构如图1-21所示。

(2)千分尺的使用方法与读数

①检查千分尺。

松开止动锁,用棉纱将测量面及移动面擦干净,并检查有无缺陷;将棘轮转动,检查测量杆转动的情况是否正常;棘轮转至打滑为止,使两测量面贴合,检查零线位置,如图1-22所示。

13

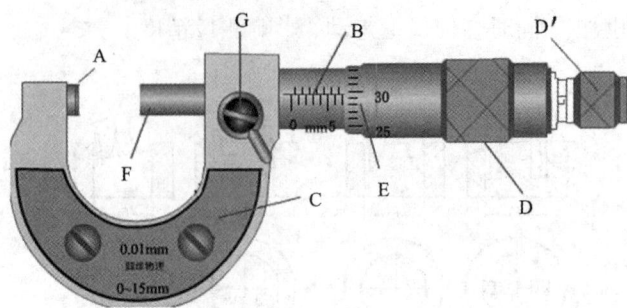

图 1-21 外径千分尺结构

A—测砧；B—固定刻度；C—尺架；D—微分筒；E—可动刻度；F—测微旋杆；G—止动器；D′—测力装置

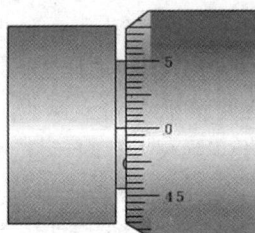

图 1-22 千分尺检查

②夹住工件。

将工件置于稳定状态，左手拿住尺架，右手转动微分筒，使开度比被测量工件的尺寸稍大，将工件置于两测量面之间，使其与被测工件贴合，测力装置转至打滑为止，如图 1-23 所示。

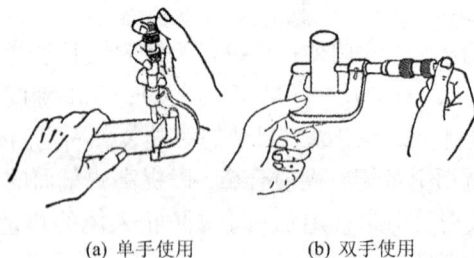

(a) 单手使用　　　　(b) 双手使用

图 1-23 千分尺使用

③读数。

夹住被测工件，从刻度线的正面正视刻度读取数值，如不能直接读数，可固定止动器，使测量旋杆固定后，再轻轻取下，然后读取刻度值。

读数方法：先读出微分筒边缘在固定套筒的多少尺寸后面，从而读出固定刻度读数，如

14

图1-24所示固定刻度读数为5 mm；再看微分筒上哪一格与固定套筒上的基准线对齐，图示微分筒上为0.032 mm；最后把两个读数相加，即得到实测尺寸为5.0324 mm。

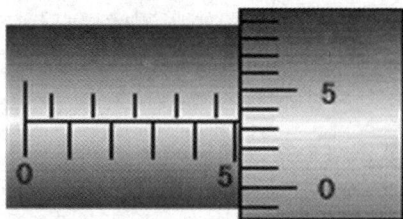

图1-24　千分尺的读数

(3)使用千分尺测量零件尺寸时必须注意的事项

①使用前，应把千分尺的两个测砧面擦干净，转动测力装置，使两测砧面接触(若测量上限大于25 mm时，在两侧砧面之间放入校对量杆或相应尺寸的量块)，接触面上应没有间隙和漏光现象，同时微分筒和固定套筒要对准零位。

②转动测力装置时，微分筒应能自由灵活地沿着固定套筒活动，没有任何轧卡和不灵活的现象。如有活动不灵活的现象，应送计量站及时检修。

③测量前，应把零件的被测量表面擦干净，以免有脏物存在影响测量精度。绝对不允许用千分尺测量带有研磨剂的表面，以免损伤测量面的精度。用千分尺测量表面粗糙的零件亦是错误的，这样易使测砧面过早磨损。

④用千分尺测量零件时，应当手握测力装置的转帽来转动测微螺杆，使测砧表面保持标准的测量压力，即听到嘎嘎的声音，表示压力合适，并可开始读数。要避免因测量压力不等而产生测量误差。

⑤绝对不允许用力旋转微分筒来增加测量压力，这样会使测微螺杆过分压紧零件表面，致使精密螺纹因受力过大而发生变形，损坏千分尺的精度。有时用力旋转微分筒后，虽因微分筒与测微螺杆间的连接不牢固，对精密螺纹的损坏不严重，但是微分筒打滑后，千分尺的零位走动了，就会造成质量事故。

⑥使用千分尺测量零件时(图1-25)，要使测微螺杆与零件被测量的尺寸方向一致。如

图1-25　在车床上使用外径千分尺的方法

测量外径时，测微螺杆要与零件的轴线垂直，不要歪斜。测量时，可在旋转测力装置的同时，轻轻地晃动尺架，使测砧面与零件表面接触良好。

⑦用千分尺测量零件时，最好在零件上进行读数，放松后取出千分尺，这样可减少测砧面的磨损。如果必须取下读数时，应用制动器锁紧测微螺杆后，再轻轻滑出零件。把千分尺当卡规使用是错误的，因为这样做不但易使测量面过早磨损，甚至会使测微螺杆或尺架发生变形而失去精度。

⑧在读取千分尺上的测量数值时，要特别留心不要读错 0.5 mm。

4. 百分表

百分表(图 1 - 26)用于在零件加工或机器装配、修理时检验尺寸精度和形状精度，使用时可装在磁性表架上，表架上的接头和伸缩杆可以调节百分表的上下、前后及左右位置，表架放在平板或某一平整位置上。

图 1 - 26　百分表

使用时应注意以下几点：

(1)使用前，应检查测量杆活动的灵活性。即轻轻推动测量杆时，测量杆在套筒内的移动要灵活，没有任何轧卡现象，且每次放松后，指针能回复到原来的刻度位置。

(2)使用时必须把它固定在可靠的夹持架上(如固定在万能表架或磁性表座上，见图 1 - 27)，夹持架要安放平稳，以免使测量结果不准确或摔坏百分表。

(3)测量平面或圆柱工件时，百分表的测量头要与平面垂直或与圆柱工件的中心轴线垂直。

(4)齿杆的升降范围不宜太大。

5. 高度游标卡尺

高度游标卡尺(高度规)主要用于测量工件的高度和精密划线，但一般限于半成品加工，如图 1 - 28 所示。其读数原理与游标卡尺相同。

图 1 - 27　用百分表测量

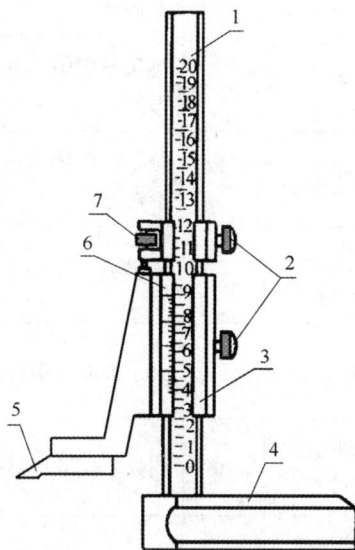

图 1 - 28　高度游标卡尺

1—主尺；2—紧固螺钉；3—尺框；4—基座；

5—量爪；6—游标；7—微动装置

　　它的结构特点是用质量较大的基座 4 代替固定量爪 5，而动的尺框 3 则通过横臂装有测量高度和划线用的量爪，量爪的测量面上镶有硬质合金，提高量爪使用寿命。高度游标卡尺的测量工作，应在平台上进行。当量爪的测量面与基座的底平面位于同一平面时，如在同一平台平面上，主尺 1 与游标 6 的零线相互对准。所以在测量高度时，量爪测量面的高度，就是被测量零件的高度尺寸，它的具体数值，与游标卡尺一样可在主尺（整数部分）和游标（小数部分）上读出。应用高度游标卡尺划线时，调好划线高度，用紧固螺钉 2 把尺框锁紧后，也应在平台上先进行调整再进行划线。

　　使用注意：在划线时，应使划刀垂直于工件表面，一次划出。

五、任务实施

1. 测量

以右端面为基准，逐个尺寸测量，并按评分表给出分值。

表 1 – 1 錾口锤子测量的评分表

考核项目	考核内容	考核要求	配分	评分标准	得分
主要项目	尺寸精度	(20 ± 0.1) mm（2处）	15	每超差 0.1 mm 扣 3 分，超差 0.3 mm 不得分	
	垂直度	⊥ 0.03（4处）	15	每超差 0.01 mm 扣 0.5 分，超差 0.02 mm 不得分	
	平行度	∥ 0.05（2处）	10	每超差 0.01 mm 扣 0.5 分，超差 0.03 mm 不得分	
	尺寸精度	20 mm	15	每超差 0.01 mm 扣 3 分，超差 0.15 mm 不得分	
	对称度	⌖ 0.2 A	5	每超差 0.05 mm 扣 0.5 分，超差 0.03 mm 不得分	
	表面粗糙度	Ra1.6	5	大于 Ra1.6 不得分	
	表面粗糙度	Ra6.3	5	大于 Ra6.3 不得分	
一般项目	圆弧形状	R2.5 圆弧面圆滑	10	圆弧不光滑不得分	
	圆弧形状	R3.5 内圆弧连接（4处）	10	圆弧连接不光滑不得分	
	圆弧连接	R12 与 R8 连接	10	圆弧连接不光滑不得分	

2. 测量训练注意事项

(1) 不可敲击量具。

(2) 尽量不要用手指接触量具的测量面。

(3) 不要把量具和加工工具混放在一起。

(4) 测量完毕后，要将量具擦干净。

项目3　T形、燕尾组合的测量

一、任务目标

【知识目标】

1. 能够掌握万能角度尺的基本结构和使用范围。
2. 掌握万能角度尺的操作要领及读数方法。
3. 掌握塞尺的用途及使用方法。

【能力目标】

1. 能使用万能角度尺正确测量零件的角度。
2. 能正确用塞尺检查间隙是否合格。

二、任务描述

完成如图1-29所示T形、燕尾组合的各个尺寸的测量，并判断工件是否合格。

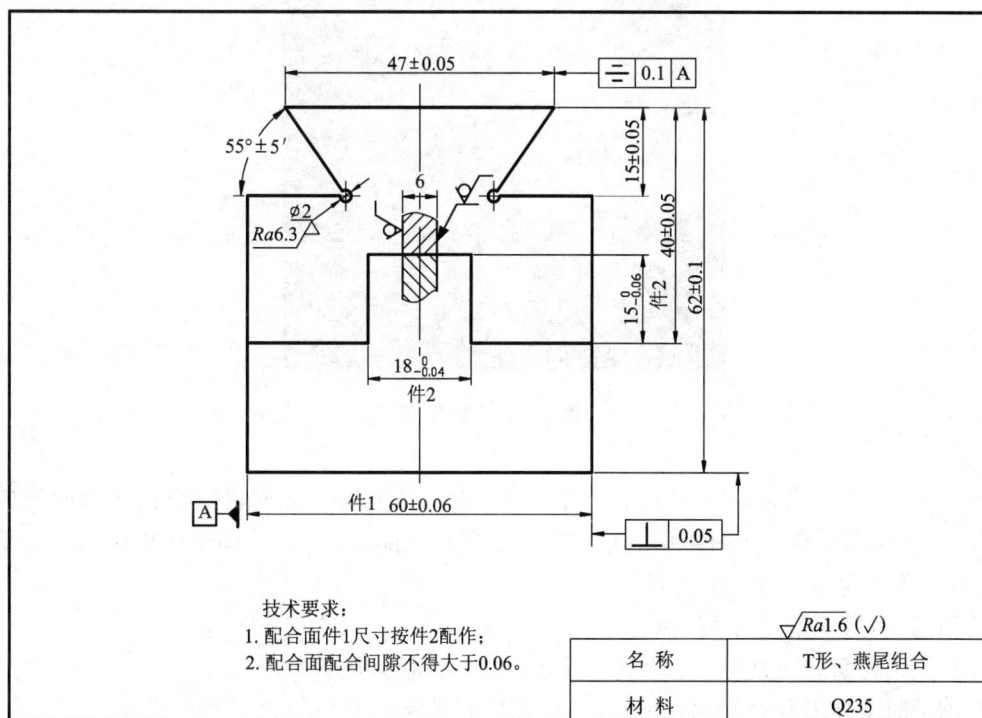

图1-29　T形、燕尾组合

三、任务分析

根据零件图可知，该零件有角度、配合间隙和形位公差要求等，要完成该零件的测量，必须能够较好地掌握钳工常用量具中游标卡尺、万能角度尺、塞尺等量具的结构特点和使用方法，掌握量具的保养方法，最终能够通过检验结果判断零件是否合格，分析产生误差的原因。

四、相关知识

（一）塞尺

塞尺又称厚薄规或间隙片，主要用来检验机床特别紧固面和紧固面、活塞与气缸、活塞环槽和活塞环、十字头滑板和导板、进排气阀顶端和摇臂、齿轮啮合间隙等两个结合面之间的间隙大小。塞尺是由许多层厚薄不一的薄钢片组成（图1-30）。按照塞尺的组别制成一把一把的塞尺，每把塞尺中的每片钢片具有两个平行的测量平面，且都有厚度标记，以供组合使用。

图1-30　塞尺

测量时，根据结合面间隙的大小，用一片或数片重叠在一起塞进间隙内。例如用0.03 mm的一片能插入间隙，而用0.04 mm的一片不能插入间隙，这说明间隙在0.03至0.04 mm之间，所以塞尺也是一种界限量规。

使用塞尺时必须注意下列几点：

1. 根据结合面的间隙情况选用塞尺片数，且片数愈少愈好；
2. 测量时不能用力太大，以免塞尺遭受弯曲和折断；
3. 不能测量温度较高的工件。

（二）万能角度尺

万能角度尺是用来测量精密零件内外角度或进行角度划线的角度量具。

万能角度尺的读数机构，如图1-31所示，是由刻有基本角度刻线的尺座1和固定在扇形板6上的游标3组成。扇形板可在尺座上回转移动（有制动器5），形成了和游标卡尺相似的游标读数机构。万能角度尺尺座上的刻度线每格为1°。由于游标上刻有30格，所占的总角度为29°，因此，两者每格刻线的度数差是

$$1° - \frac{29°}{30} = \frac{1°}{30} = 2'$$

即万能角度尺的精度为2′。

万能角度尺的读数方法和游标卡尺相同，先读出游标零线前的角度是几度，再从游标上读出角度中"分"的数值，两者相加就是被测零件的角度数值。

在万能角度尺上，基尺4是固定在尺座上的，角尺2是用卡块7固定在扇形板上的，可移动直尺8是用卡块固定在角尺上的。若把角尺2拆下，也可把直尺8固定在扇形板上。由于角尺2和直尺8可以移动和拆换，使万能角度尺可以测量0°～320°的任何角度，如图1-32所示。

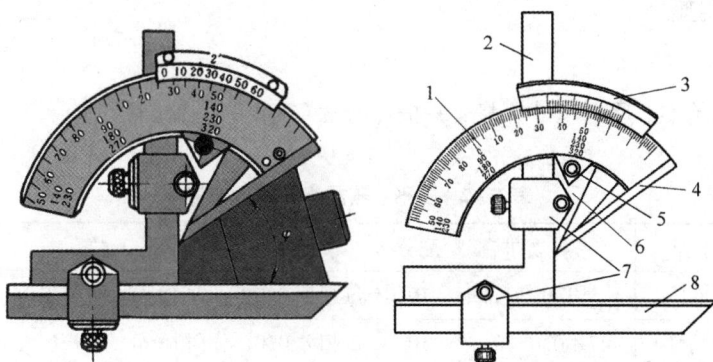

图1-31　万能角度尺

1—尺座；2—角尺；3—游标；4—基尺；5—制动器；6—扇形板；7—卡块；8—直尺

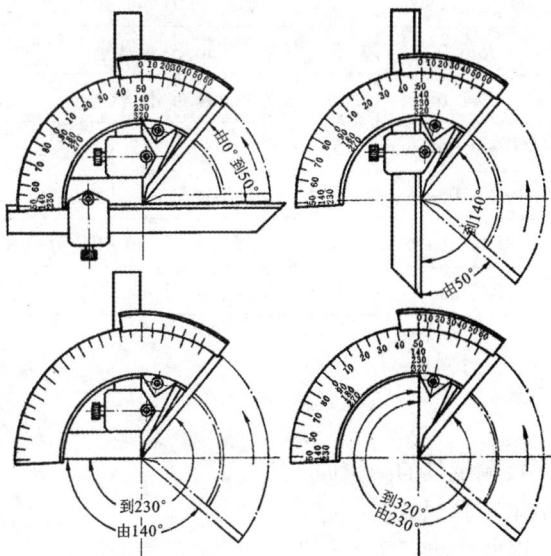

图1-32　万能角度尺的应用

由图 1-32 可见,角尺和直尺全装上时,可测量 0°~50°的外角度;仅装上直尺时,可测量 50°~140°的角度;仅装上角尺时,可测量 140°~230°的角度;把角尺和直尺全拆下时,可测量 230°~320°的角度(即可测量 40°~130°的内角度)。

万能量角尺的尺座上,基本角度的刻线只有 0°~90°,如果测量的零件角度大于 90°,则在读数时,应加上一个基数(90°;180°;270°)。当零件角度 >90°~180°时,被测角度 = 90°+量角尺读数;当零件角度 >180°~270°时,被测角度 = 180°+量角尺读数;当零件角度 >270°~320°被测角度 = 270°+量角尺读数。

万能角度尺使用注意事项:

用万能角度尺测量零件角度时,应使基尺与零件角度的母线方向一致,且零件应与量角尺的两个测量面的全长上接触良好,以免产生测量误差。

五、任务实施

1. 测量

以下端面为基准,逐个尺寸测量,并按评分表(表 1-2)给出分值。

表 1-2　T 形、燕尾组合的评分表

考核项目	考核内容	考核要求	配分	评分标准	得分
主要项目	配合间隙	不大于 0.06 mm	10	每超差 0.01 mm 扣 2 分,超差 0.04 mm 不得分	
	尺寸精度	(47 ± 0.05) mm	10	每超差 0.01 mm 扣 3 分,超差 0.03 mm 不得分	
	尺寸精度	(62 ± 0.1) mm	10	每超差 0.01 mm 扣 3 分,超差 0.15 mm 不得分	
	尺寸精度	55°±5′	10	每超差 1′扣 2 分,超差 3′不得分	
	尺寸精度	$18_{-0.04}^{0}$ mm	10	每超差 0.01 mm 扣 3 分,超差 0.03 mm 不得分	
	尺寸精度	$15_{-0.06}^{0}$ mm	10	每超差 0.01 mm 扣 3 分,超差 0.03 mm 不得分	
一般项目	表面粗糙度	$Ra6.3$	5	大于 $Ra6.3$ 不得分	
	表面粗糙度	$Ra1.6$	15	大于 $Ra1.6$ 不得分	
	尺寸精度	(60 ± 0.06) mm	5	超差不得分	
	尺寸精度	(40 ± 0.05) mm	5	超差不得分	
	垂直度	0.05 mm	5	每超差 0.01 mm 扣 2 分,超差 0.03 mm 不得分	
	对称度	0.1 mm	5	每超差 0.01 mm 扣 2 分,超差 0.06 mm 不得分	

2. 测量训练注意事项

(1)不可敲击量具。

(2)尽量不要用手指接触量具的测量面。

(3)不要把量具和加工工具混放在一起。

(4)测量完毕后,要将量具擦干净。

模块二
划线、锉削、锯削、錾削操作技能训练

项目1　四方块的制作

一、任务目标

【知识目标】

1.能够掌握锉削的基本技能的操作要领，使动作规范化、标准化。

2.明确划线的作用，会使用平面划线的工具，并掌握一般的划线方法。

【能力目标】

1.能够按照图样要求正确划线，掌握划线技能。

2.能够按图样要求正确加工零件，达到图纸要求。

二、任务描述

按图样所示要求完成零件制作。

三、任务分析

四方块(图2-1)制作包括划线、锯削、锉削等钳工基本加工方法和操作技能，以及钳工常用工、量具的使用与保养方法和工件检测方法。

四、相关知识

(一)划线工艺知识

在毛坯或工件上，用划线工具划出待加工部位的轮廓线或作为基准的点和线，这项操作叫划线。只需在一个平面上划线即能满足加工要求的，称为平面划线。要同时在工件上几个不同方向的表面上划线才能满足加工要求的，称为立体划线。

1.划线的作用

(1)确定工件上各加工面的加工位置和加工余量。

(2)可全面检查毛坯的形状和尺寸是否符合图样及加工要求。

23

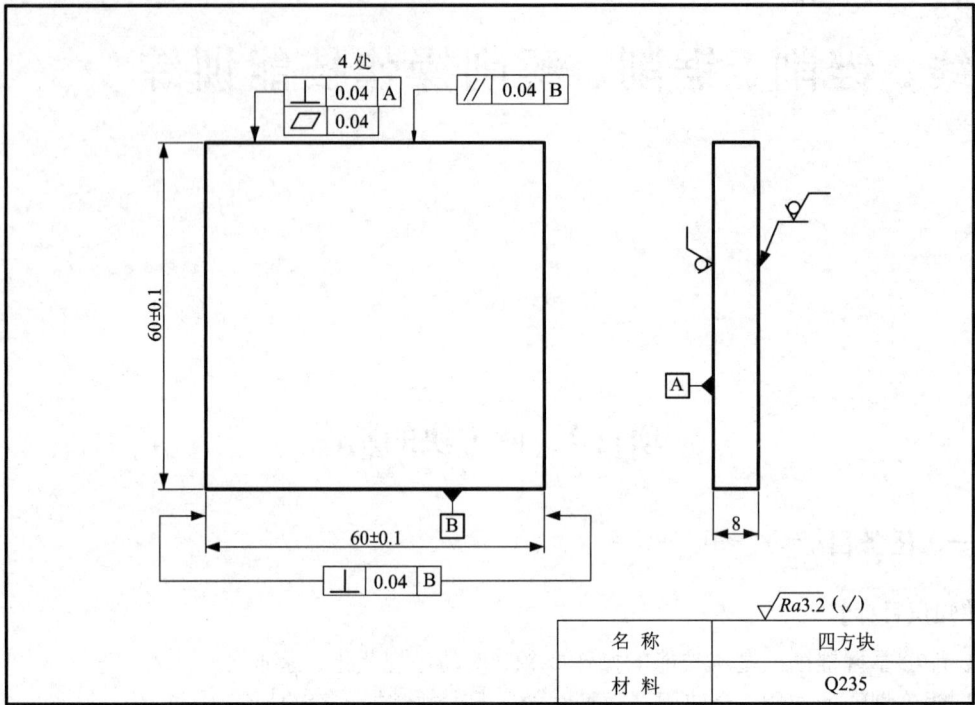

图 2 - 1　四方块零件图

（3）当在坯料上出现某些缺陷的情况下，往往可通过划线时的所谓"借料"方法，以做一定的补救。

（4）在板料上按划线下料，可做到正确排料，合理使用材料。

2.划线工具及其使用方法

（1）划线平台（图 2 - 2）：由铸铁制成，工作表面经过精刨或刮削加工，作为划线时的基准平面。划线平台一般用木架搁置，放置时应使平台工作表面处于水平状态。

使用注意要点：平台工作表面应经常保持清洁；工件和工具在平台上都要轻拿、轻放，不可损伤其工作面；用后要擦拭干净，并涂上机油防锈。

（2）划针（图 2 - 3）：用来在工件上划线条，由弹簧钢丝或高速钢制成，直径一般为 $\phi 3 \sim 5$ mm，尖端磨成 $15° \sim 20°$ 的尖角，并经热处理淬火使之硬化。有的划针在尖端部位焊有硬质合金，耐磨性更好。

使用注意要点：在用钢直尺和划针划连接两点的直线时，应先用划针和钢直尺定好后一点的划线位置，然后调整钢直尺使与另一点的划线位置对准，再划出两点的连接直线；划线时针尖要紧靠导向工具的边缘，上部向外侧倾斜 $15° \sim 20°$，向划线移动方向倾斜 $45° \sim 75°$；针尖要保持尖锐，划线要尽量一次划成，使划出的线条既清晰又准确。

图2-2　划线平台

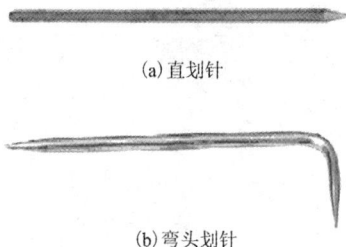

(a)直划针

(b)弯头划针

图2-3　划针

（3）划线盘（图2-4）。用来在划线平台上对工件进行划线或找正工件在平台上的正确安放位置。划针的直头端用来划线，弯头端用于对工件安放位置的找正。

使用注意要点：用划线盘进行划线时，划针应尽量处于水平位置，不要倾斜太大，划针伸出部分应尽量短些，并要牢固地夹紧，以避免划线时产生振动和尺寸变动；划线盘在移动时，底座底面始终要与划线平台平面贴紧，无摇晃或跳动；划针与工件划线表面之间保持夹角40°~60°（沿划线方向），以减小划线阻力和防止针尖扎入工件表面；划较长直线时，应采用分段连接划法，这样可对各段的首尾作校对检查，避免在划线过程中由于划针的弹性变形和划线盘本身的移动所造成的划线误差；划线盘用完后应使划针处于直立状态，保证安全和减少所占的空间。

（4）高度尺（图2-5）为游标高度尺，它附有划针脚，能直接表示出高度尺寸，其读数精度一般为0.02 mm，可作为精密划线工具。

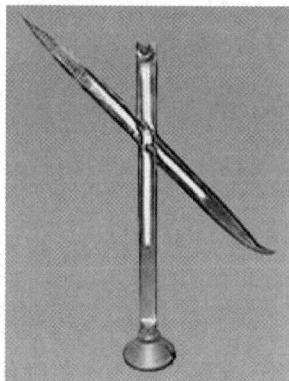

图2-4　划线盘

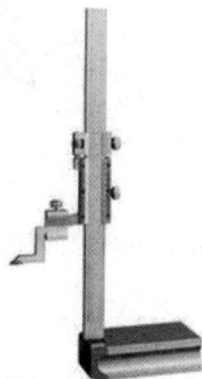

图2-5　高度尺

（5）划规（图2-6）。用来划圆和圆弧、等分线段、等分角度以及量取尺寸等。

使用注意要点：划规两脚的长短要磨得稍有不同，而且两脚合拢时脚尖能靠紧，这样才可划出尺寸较小的圆弧；划规的脚尖应保持尖锐，以保证划出的线条清晰；用划规划圆时，作为旋转中心的一脚应加以较大的压力，另一脚则以较轻的压力在工件表面上划出圆或圆弧，以避免中心滑动（图2-7）。

图 2 - 6　划规

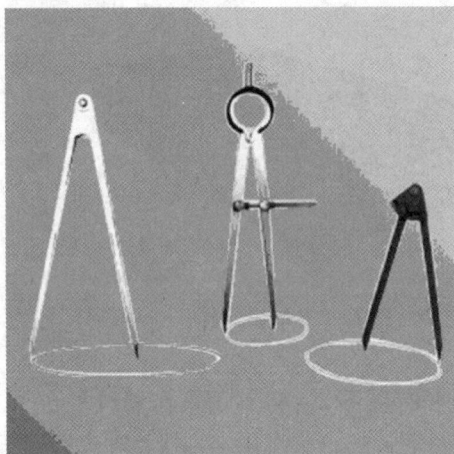

图 2 - 7　划规划圆

　　(6)样冲。用于在工件所划加工线条上打样冲眼(冲点),作加强界限标志(称检验样冲眼)和作划圆弧或钻孔时的定位中心(称中心样冲眼)。它一般用工具钢制成,尖端处淬硬,其顶尖角度在用于加强界限标记时大约为40°,用于钻孔定心时约取60°(图 2 - 8)。

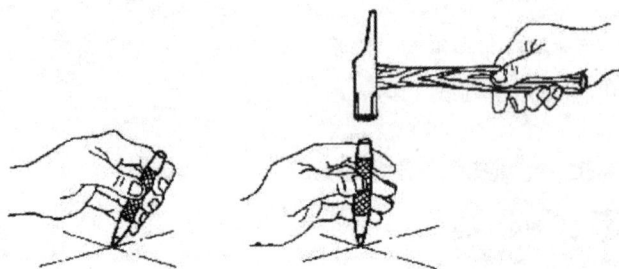

图 2 - 8　样冲的使用

　　冲点方法:先将样冲外倾使尖端对准线的正中,然后再将样冲立直冲点,如图 2 - 9(a)所示。

　　冲点要求:位置要准确,冲点不可偏离线条[图 2 - 9(b)],在曲线上冲点距离要小些,如直径小于 20 mm 的圆周线上应有四个冲点,而直径大于 20 mm 的圆周线上应有八个以上冲点;在直线上冲点距离可大些,但短直线至少有三个冲点,在线条的交叉转折处必须有冲点,冲点的深浅要掌握适当,在薄壁上或光滑表面上冲点要浅,粗糙表面上要深些。

　　(7)90°角尺[图 2 - 10(a)]在划线时常用作划平行线[图 2 - 10(b)]的垂直线[图 2 - 10(c)]的导向工具,也可用来找正工件平面在划线平台上的垂直位置。

26

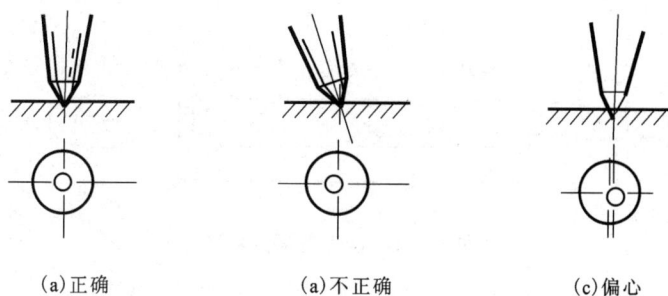

(a)正确　　　　　(a)不正确　　　　　(c)偏心

图 2 - 9　样冲眼

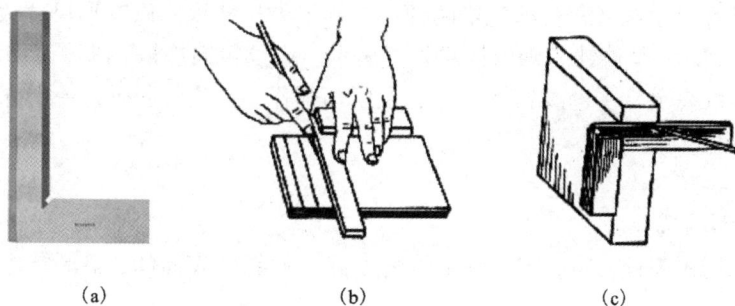

(a)　　　　　(b)　　　　　(c)

图 2 - 10　90°角尺及其使用

3. 平面划线时基准线的确定

(1)平面划线时的基准形式

所谓基准,就是工件上用来确定其他点、线、面的位置所依据的点、线、面。平面划线时,一般只要确定好两根相互垂直的基准线。就能把平面上所有形面的相互关系确定下来。根据工件形体的不同,平面上相互垂直的基准线,有如下三种形式:

①两条互相垂直的中心线;

②两条互相垂直的平面投影线;

③一条中心线和与它垂直的平面投影线中的样板左侧面投影线和样板所要测量的工件的假想中心线。

(2)基准线的确定

图样上所用的基准称为设计基准,划线时所用的基准称为划线基准,划线基准应与设计基准一致,并且划线时必须先从基准线开始,也就是说先确定好基准线的位置,然后再依次划其他形面的位置线及形状线,才能减少不必要的尺寸换算,使划线方便、准确。

(二)锉削工艺知识

1. 锉削概述

锉削是用锉刀对工件表面进行切削加工,使工件达到所要求的尺寸、形状和表面粗糙度的加工方法。锉削可以对工件进行较高精度的加工,其尺寸精度可达 0.01 mm,表面粗糙度 Ra 值可达 0.8 μm。

27

(1)钳工锉刀的结构(图2－11)。

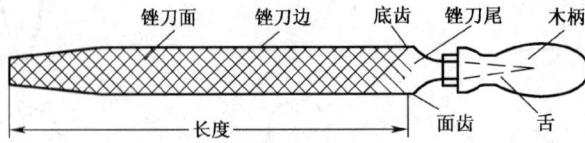

图2－11 锉刀各部分名称

(2)锉刀的种类

按用途不同,锉刀可分为钳工锉、异形锉和整形锉3种。

(3)锉刀的规格

锉刀的规格有尺寸规格和粗细规格两种。方锉刀的尺寸规格以方形尺寸表示;圆锉刀的尺寸规格以直径表示;其他锉刀则以锉身长度表示。齿纹粗细规格,以锉刀每10 mm轴向长度内主锉纹的条数表示。主锉纹指锉刀上起主要切削作用的齿纹;而另一个方向上起分屑作用的齿纹,称辅助齿纹。

2.锉刀的选择

(1)锉刀类型的选择。

钳工一般选用钳工锉;异形锉是用来锉削工件上的特殊表面的;整形锉主要用来修整工件上的细小部分。

(2)锉刀断面的选择(图2－12)。

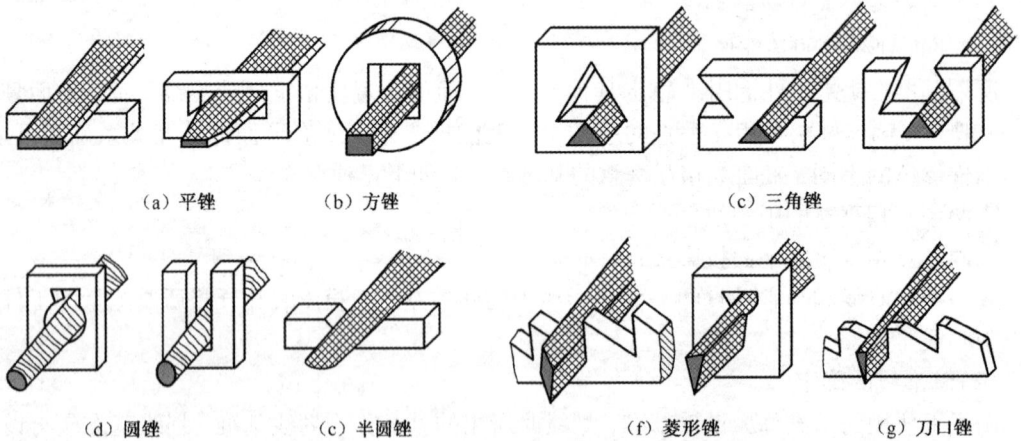

(a)平锉　　　(b)方锉　　　　　　(c)三角锉

(d)圆锉　　　(c)半圆锉　　　(f)菱形锉　　　(g)刀口锉

图2－12 锉刀断面的选择

3.平面锉削的姿势

锉削姿势正确与否,对锉削质量、锉削力的运用和发挥以及操作者的疲劳程度起着决定性影响。

（1）锉刀握法。平锉大于 250 mm 的握法如图 2 - 13(a)所示。右手紧握锉刀柄，柄端抵在拇指根部的手掌上，大拇指放在锉刀柄上部，其余手指由下而上地握着锉刀柄；左手的基本握法是将拇指根部的肌肉压在锉刀头上，拇指自然伸直，其余四指弯向手心，用中指、无名指捏住锉刀前端。还有两种左手的握法如图 2 - 13(b)、(c)所示。锉削时右手推动锉刀并决定推动方向，左手协同右手使锉刀保持平衡。中、小型锉刀握法略有不同，如图 2 - 14 所示。

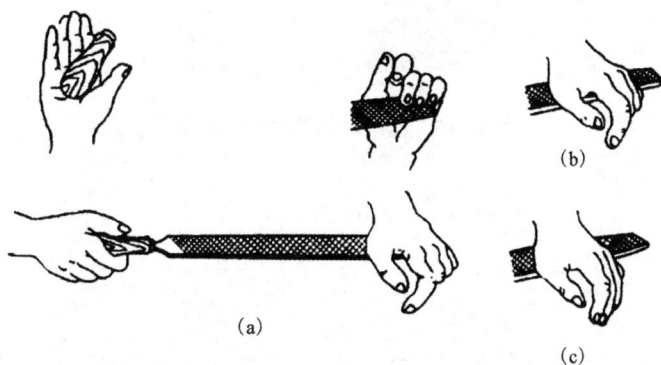

图 2 - 13　大平锉的握法

图 2 - 14　中、小型锉刀的握法

（2）姿势动作。锉削时的站立步位和姿势（图 2 - 15）及锉削动作（图 2 - 16），两手握住锉刀放在工件上面，左臂弯曲，小臂与工件锉削面的左右方向保持基本平行，右小臂要与工件锉削面的前后方向保持基本平行，但要自然。锉削时，身体先垂直于锉刀并与之一起向前，右脚伸直并稍向前倾，重心在左脚，左膝部呈弯曲状态。当锉刀锉至约 3/4 行程时，身体停止前进，两臂则继续将锉刀向前锉到头，同时，左脚自然伸直并随着锉削时的反作用力，将身体重心后移，使身体恢复原位，并顺势将锉刀收回。当锉刀收回将近结束，身体又开始先于锉刀前倾，作第二次锉削的向前运动。

（3）锉削时两手的用力和锉削速度

要锉出平直的平面，必须使锉刀保持直线的锉削运动。为此，锉削时右手的压力要随锉刀推动而逐渐增加，左手的压力要随锉刀推动而逐渐减小。回程时不加压力，以减少锉齿的磨损。

锉削速度一般应在 40 次/min 左右，推出时稍慢，回程时稍快，动作要自然协调。

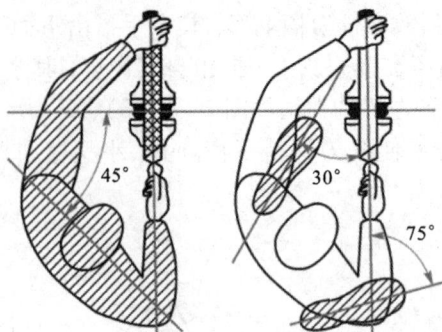

图 2 – 15 锉削时的站立步位和姿势

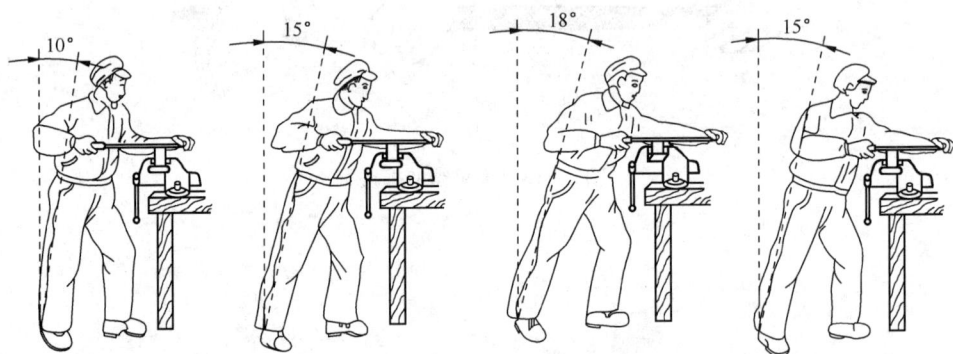

图 2 – 16　锉削动作

4. 锉削方法(图 2 – 17)

(1)顺向锉。顺向锉是锉刀顺一个方向锉削的运动方法。

它具有锉纹清晰、美观和表面粗糙度较小的特点,适用于小平面和粗锉后的场合,顺向锉的锉纹整齐一致,这是最基本的一种锉削方法。

(2)交叉锉。交叉锉是从两个以上不同方向交替交叉锉削的方法,锉刀运动方向与工件夹持方向呈 30°～40°角。

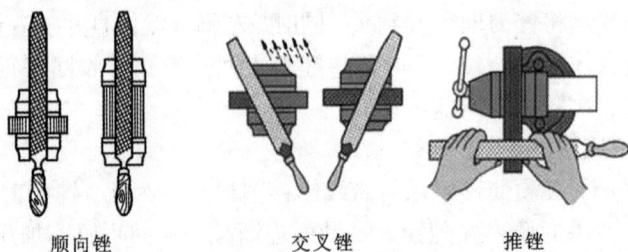

顺向锉　　　　　交叉锉　　　　　推锉

图 2 – 17　锉削方法

它具有锉削平面度好的特点，但表面粗糙度稍差，且锉纹交叉。

（3）推锉。推锉是双手横握锉刀往复锉削的方法。其锉纹特点同顺向锉，适用于狭长平面和修整时余量较小的场合。

5.锉平面的练习要领

（1）掌握好正确的姿势和动作。

（2）做到锉削力的正确和熟练运用，使锉削时保持锉刀的直线平衡运动。因此，在锉削时注意力要集中，练习过程要用心研究。

（3）熟练选用锉削方法，保证平面的美观。

6.检查平面度与垂直度的方法

锉削工件时，由于锉削平面较小，其平面度通常都采用刀口形直尺（或钢直尺）通过透光法来检查［图2－18(a)］。检查时，刀口形直尺应垂直放在工件表面上［图2－18(a)］，并在加工面的纵向、横向、对角方向多处逐一进行［图2－18(b)］，以确定各方向的直线度误差。如果刀口形直尺与工件平面间透光微弱而均匀，说明该方向是直的；如果透光强弱不一，说明该方向是不直的。平面度误差值的确定，可用塞尺作塞入检查。对于中凹平面，其平面度误差可取各检查部位中的最大直线度误差值计，对于中凸平面，则应在两边以同样厚度的塞尺作塞入检查，其平面度误差可取各检查部位中的最大直线度误差值计［图2－18(c)］。

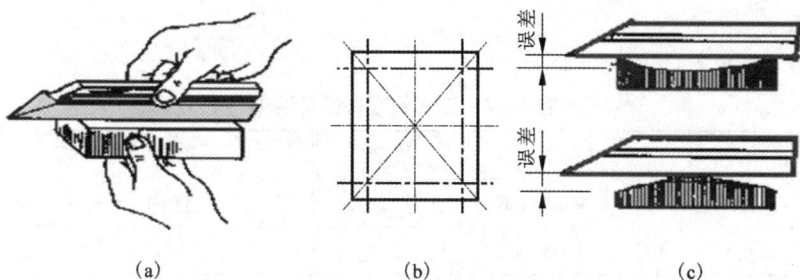

（a）　　　　　　　　（b）　　　　　　　　（c）

图2－18　用刀口直尺检查平面图

垂直度通常都采用90°角尺（或刀口角尺）来测量90°角和垂直度的角度量具，如图2－19所示。注意测量时，角尺不能歪斜。

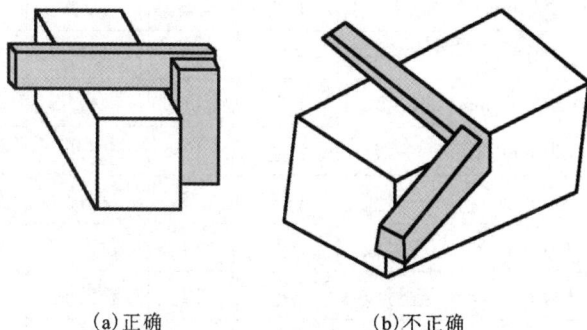

（a）正确　　　　　　　　（b）不正确

图2－19　90°角尺测量工件示意图

7. 锉削时的文明生产和安全生产知识

（1）锉刀是右手工具，应放在台虎钳的右面；放在钳台上时锉刀柄不可露在钳桌外面，以免掉落地上砸伤脚或损坏锉刀。

（2）没有装柄的锉刀、锉刀柄已裂开或没有锉刀柄箍的锉刀不可使用。

（3）锉削时锉刀柄不能撞击到工件，以免锉刀柄脱落。

（4）清除铁屑时，不允许用嘴吹，以防切屑飞入眼内。

（5）锉削时，锉削表面不能沾有油污，也不能用手触摸，以防止锉刀打滑，造成安全事故。

（6）锉刀不可做撬棒或手锤用。

五、任务实施

（一）工件制作前的准备

1. 材料准备（表2-1）

表2-1　制作四方块材料清单

序号	材料名称	规格	数量	备注
1	Q235	62 mm×62 mm×8 mm	1件	1件/人

2. 设备准备（表2-2）

表2-2　制作四方块设备清单

序号	名称	规格	数量	序号	名称	规格	数量
1	划线(测量)平板	500 mm×400 mm	1块/8人	3	台虎钳	200 mm	1个/人
2	方箱(靠铁)	100 mm×100 mm	与平板配套	4	钳台	800 mm	1工位/人

3. 工具、量具、刃具准备（表2-3）

表2-3　制作四方块工、量、刃具清单

序号	名称	规格	精度	数量	序号	名称	规格	精度	数量
1	游标高度尺	0～200 mm	0.02 mm	1把	9	锯条	中齿		2根
2	游标卡尺	0～150 mm	0.02 mm	1把	10	划针			1根
3	直角尺	100 mm×63 mm	一级	1把	11	钢板尺	200 mm		1把
4	刀口尺	100 mm	一级	1把	12	样冲			1个
5	扁锉	300 mm	一号纹	1把	13	手锤	0.5 kg		1个
6	扁锉	250 mm	三号纹	1把	14	软钳口			1副
7	扁锉	100 mm	五号纹	1把	15	锉刀刷			1把
8	锯弓	300 mm		1把	16	油漆刷	1寸～2寸		1把

（二）工件制作步骤（表 2 - 4）

表 2 - 4 制作四方块的操作步骤

序号	步骤	图示	操作内容及注意事项
1	检查毛坯		按图示检查毛坯
			1）毛坯清理 2）检查毛坯尺寸
2	加工第一基准面	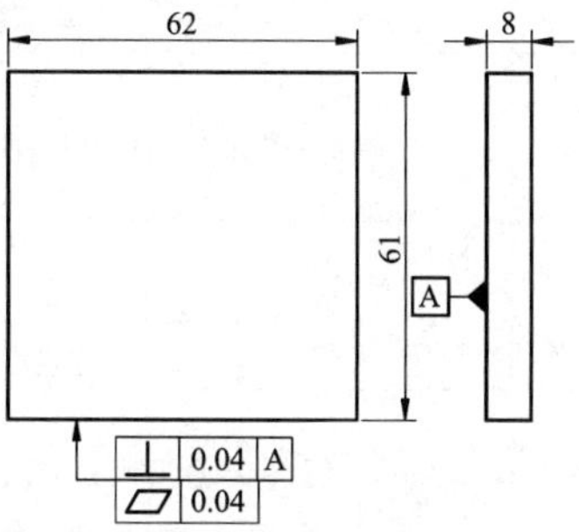	1）保证加工面与大平面的垂直度要求 2）保证加工面的直线度与平面度要求
3	加工相邻基准面	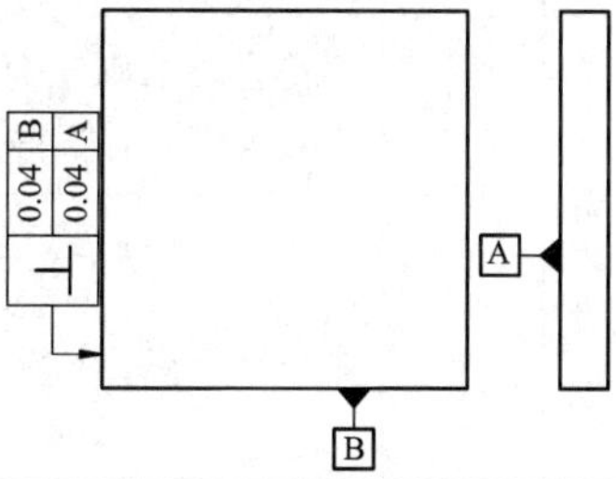	1）保证与第一基准面以及大平面的垂直度要求 2）保证加工面的直线度与平面度要求
4	划出加工线	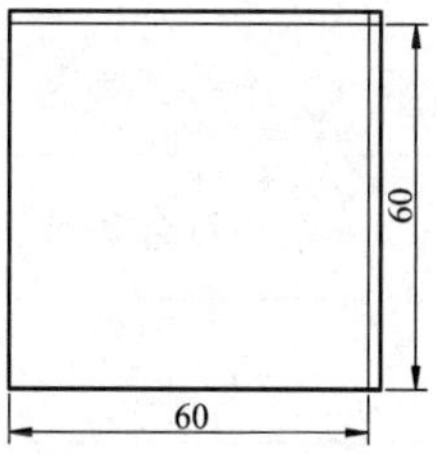	以两基准面为基准划出加工线
5	锉削	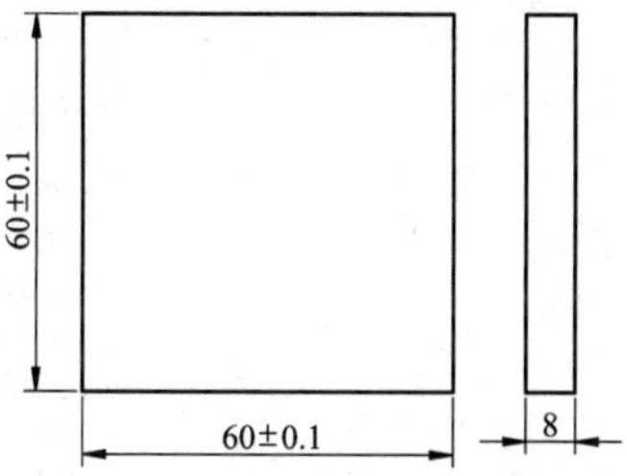	1）粗加工至加工线 2）精加工至图纸尺寸
6	修整		倒棱，去毛刺
7	交检		根据评分标准进行检查评分

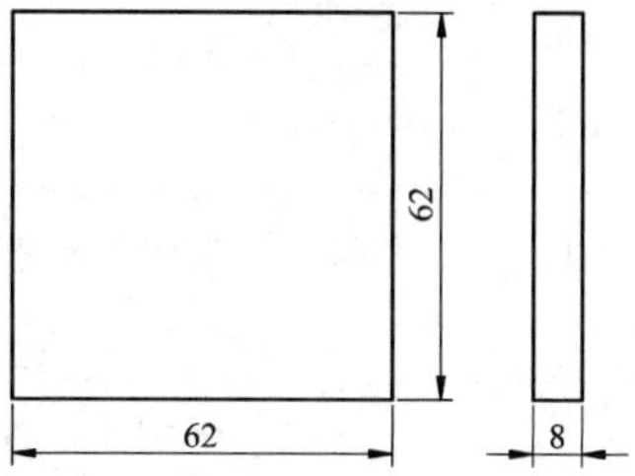

33

(三)评价反馈(表2-5)

表2-5　制作四方块的评分表

考核项目	考核内容	考核要求	配分	评分标准	得分
主要项目	尺寸精度	(60 ± 0.1) mm (2 处)	25	每超差 0.01 mm 扣 3 分, 超差 0.03 mm 不得分	
	垂直度	⊥ | 0.04 | A	10	每超差 0.01 mm 扣 0.5 分, 超差 0.05 mm 不得分	
	垂直度	⊥ | 0.04 | B	10	每超差 0.01 mm 扣 0.2 分, 超差 0.15 mm 不得分	
一般项目	平行度	// | 0.04 | B	7	每超差 0.01 mm 扣 0.5 分	
	表面粗糙度	Ra1.6	16	超差不得分	
	平面度	▱ | 0.04	7	每超差 0.01 mm 扣 0.2 分	
其他项目	安全	安全文明生产	10	不符合要求则从总分扣 1 ~ 10 分, 发生较大事故者不得分	
	工具设备使用	正确、规范使用工、量、刃具及设备, 并做到合理保养	5	不符合要求从总分扣 1 ~ 5 分	
	其他	操作姿势	5	不符合要求从总分扣 1 ~ 5 分	
		工艺正确	5	不符合要求从总分扣 1 ~ 5 分	
工时定额	6 h			超 1 h 以上不得分	

34

项目 2　直角块的制作

一、任务目标

【知识目标】

1.能够掌握锯削的基本技能的操作要领，使动作规范化、标准化。

【能力目标】

1.能根据不同材料正确选用锯条。

2.熟练掌握锯削的姿势和方法。

3.能够按图样要求正确加工零件，达到图纸要求。

二、任务描述

按图 2 – 20 所示要求完成直角块零件制作。

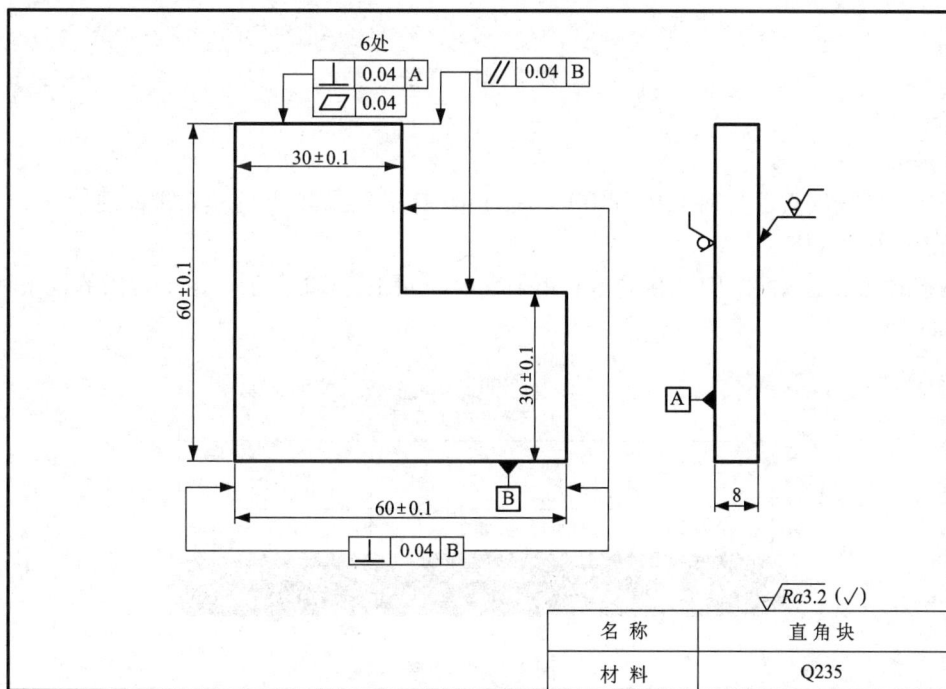

图 2 – 20　直角块零件图

三、任务分析

直角块制作包括划线、锯削、锉削等钳工基本加工方法和操作技能，以及钳工常用工、量具的使用与保养方法和工件检测方法。

35

四、相关知识

(一)锯削工具

1. 锯削概述

用手锯对材料或工件进行分割或开槽的操作称为锯削。锯削加工是一种粗加工,一般平面度可控制在 0.2 mm 范围内。锯削具有操作方便、简单、灵活的特点,适合于较小材料或工件的单件小批量的加工。

2. 锯弓

锯弓又称锯架,其作用是张紧锯条,有可调式和固定式两种,如图 2-21 所示。

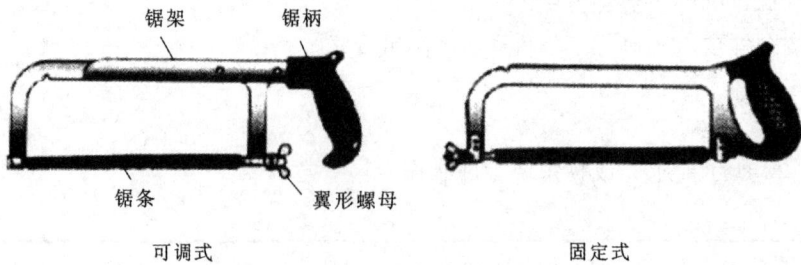

图 2-21 锯弓

3. 锯条

锯条一般用碳素工具钢 T10、T10A 或高速钢(锋钢)制成,并经热处理淬硬。

(1)锯条的规格

锯条的规格是以两端安装孔的中心距来表示,如图 2-22 所示。钳工常用的锯条规格是 300 mm。

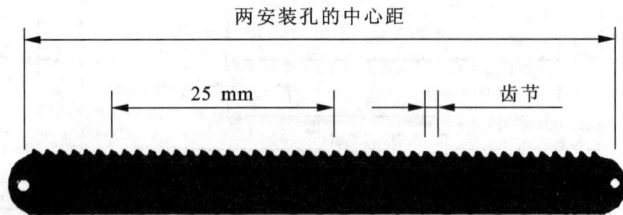

图 2-22 锯条

(2)锯齿的粗细及其选择

锯齿粗细是以锯条每 25 mm 长度内的齿数来表示的,常用的有 14、18、24、32 等几种。齿数越多,则表示锯齿越细。

①粗齿锯条适合于锯软材料及较大表面、较厚材料。

②细齿锯条适合于锯硬材料、管子及薄材料。

(二)锯削加工

1. 锯条的安装

(1)安装时要使齿尖的方向朝前

手锯是在前推时才起切削作用,因此,安装时要使齿尖的方向朝前,如图 2-23 所示。

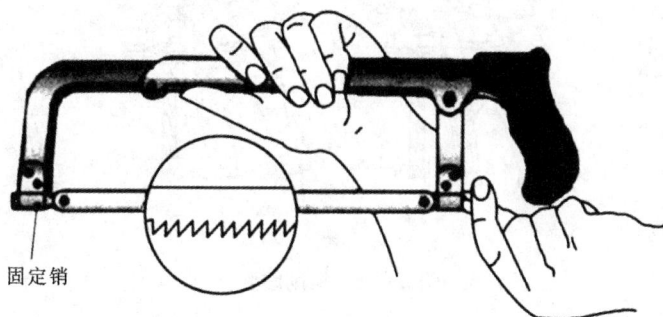

固定销

图 2-23　锯条的安装

(2)锯条的松紧度要适当

一般要求只能用手拧紧翼形螺母,再用手扳动锯条,感觉硬实即可。锯条安装得太松或太紧,锯条都容易折断。

(3)检查锯条与锯弓是否在同一中心平面内

锯条安装后,还应检查锯条与锯弓是否在同一中心平面内,如出现歪斜或扭曲,应及时矫正,否则锯缝容易歪斜,影响锯削的质量。

2. 握锯方法

右手握住锯柄,左手轻扶在锯弓前端,如图 2-24 所示。锯削时的压力和推力主要由右手控制,左手主要是协助右手扶正锯弓。

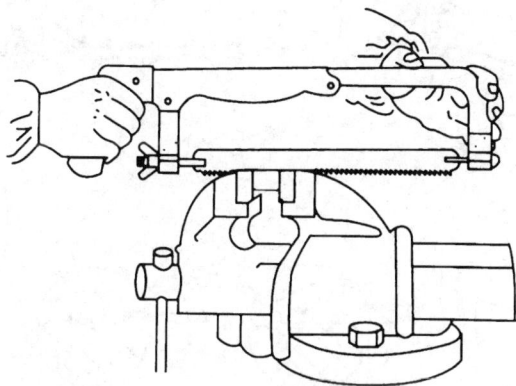

图 2-24　握锯方法

3. 锯削姿势

(1)锯削站势

锯削时的站立姿势与锉削基本相似,如图 2-25 所示。推锯时,重心从右脚转移至左脚,依靠身体的力量来帮助锯削。既可提高锯削的工作效率，又可减轻操作者的疲劳。

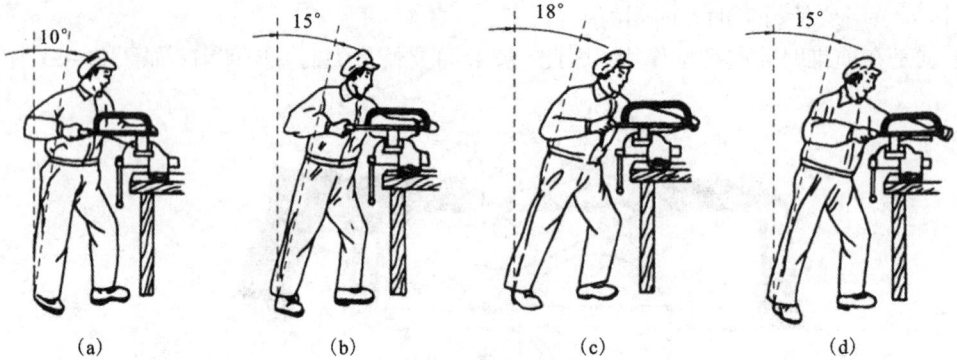

图 2-25　锯削站姿

（2）锯削速度

锯削速度以 20~40 次/min 为宜。速度过快，易使锯条发热，会加快锯条的磨损；速度过慢，会直接影响锯削的效率。一般锯软材料时，可以锯快些；锯硬材料时，应慢些。如锯条发热，可使用切削液进行冷却。

（3）锯条的行程

锯削时，为了避免局部磨损，应尽量使锯条在全长范围内使用，以延长锯条的使用寿命。一般应使锯条的行程不小于锯条长度的 2/3。

4.起锯方法

起锯是锯削工作的开始，起锯质量的好坏，直接影响锯削的质量。起锯有远起锯和近起锯两种方法，如图 2-26(a)、(b)所示。一般采用远起锯。

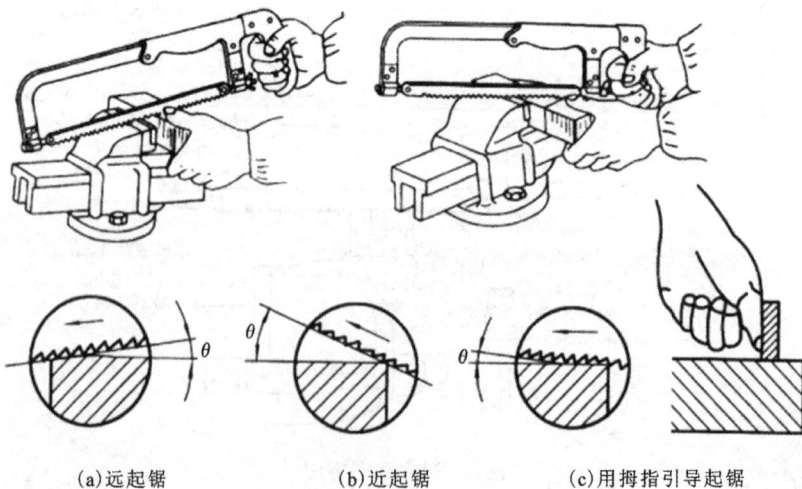

(a)远起锯　　　　(b)近起锯　　　　(c)用拇指引导起锯

图 2-26　起锯方法

　　无论哪种起锯方法,起锯角度都要求不大于5°。为了使起锯平稳、位置准确,可用左手大拇指挡住锯条来导向,如图2-26(c)所示。起锯时,要求压力小、行程短。

　　5.各种工件的锯削方法

　　(1)管子的锯削方法

　　①薄壁管子的夹持。应使用两块木制V形或弧形槽垫块来夹持薄壁管子,以防止夹扁管子或夹坏表面,如图2-27(a)所示。

　　②薄壁管子的锯削方法。锯削时,每个方向只锯到管子的内壁处,然后把管子转动一个角度再起锯,且仍只锯到管子内壁处。如此多次,直至锯断,如图2-27(b)所示。

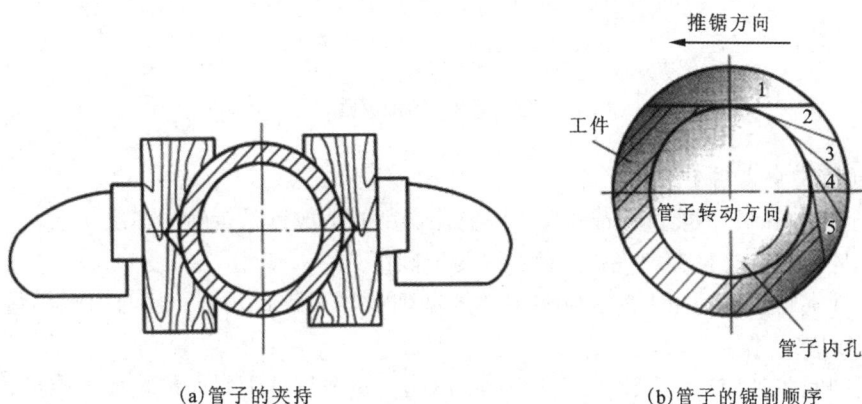

(a)管子的夹持　　　　　　　　(b)管子的锯削顺序

图2-27　薄壁管子的锯削

　　(2)板料的锯削方法

　　①锯削板料。将板料夹持在台虎钳上,用手锯横向斜推,以增加同时参与切削的锯齿齿数,从而避免锯齿被钩住而崩裂,如图2-28(a)所示。

　　②锯削薄板料。可以将薄板料夹在两木块之间,连同木块一起锯削,这样可避免锯齿被钩住而崩裂,如图2-28(b)所示。

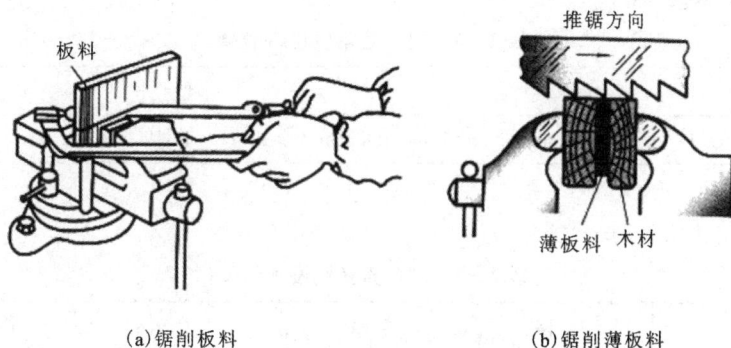

(a)锯削板料　　　　　　　　(b)锯削薄板料

图2-28　板材的锯削

（3）深缝的锯削

当锯缝的深度超过锯弓高度时，为了防止锯弓与工件相撞，应在锯弓快要碰到工件时，将锯条拆出并转动90°，重新安装，或把锯条的锯齿朝向锯弓背，再进行锯削，如图2-29所示。

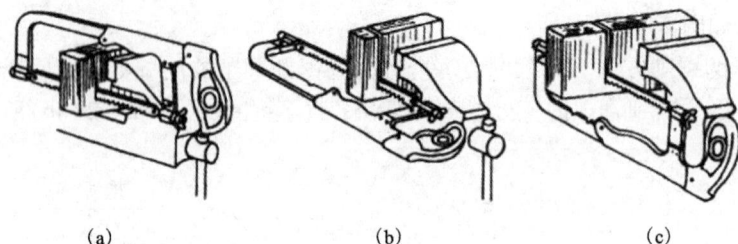

| (a) | (b) | (c) |

图2-29　锯削深缝

6. 锯削的安全文明生产

（1）安装锯条时，不能过松或过紧，以免在锯削时造成锯条折断后弹出伤人。

（2）工件一般应夹持在台虎钳左侧，以便于操作。

（3）工件夹持在台虎钳上时，应使工件的锯削线尽量靠近钳口，且伸出端尽量短，防止工件在锯削时产生振动。

（4）锯削时工件应夹紧，避免工件松动，以防止造成锯缝歪斜而影响加工质量，另外，还容易造成锯条的折断而伤人。

（5）锯削过程中，应做到压力适当，推锯平稳，避免锯条左右摆动而折断锯条。

（6）工件将锯断时，应做到推锯压力小，并及时用手扶持好工件的锯断部分，避免锯断部分落下砸脚。

（7）锯削完毕后，应将锯弓上的翼形螺母旋松，以放松锯条，防止锯弓变形。

五、任务实施

（一）工件制作前的准备

1. 材料准备（表2-6）

表2-6　制作直角块材料清单

序号	材料名称	规格	数量	备注
1	Q235	62 mm×62 mm×8 mm	1件	1件/人

2. 设备准备（表2-7）

表2-7　制作直角块设备清单

序号	名称	规格	数量	序号	名称	规格	数量
1	划线（测量）平板	500 mm×400 mm	1块/8人	3	台虎钳	200 mm	1个/人
2	方箱（靠铁）	100 mm×100 mm	与平板配套	4	钳台	800 mm	1工位/人

3. 工具、量具、刃具准备(表2-8)

表2-8 制作直角块工、量、刃具清单

序号	名称	规格	精度	数量	序号	名称	规格	精度	数量
1	游标高度尺	0~200 mm	0.02 mm	1把	9	锯条	中齿		2根
2	游标卡尺	0~150 mm	0.02 mm	1把	10	划针			1根
3	直角尺	100 mm×63 mm	一级	1把	11	钢板尺	200 mm		1个
4	刀口尺	100 mm	一级	1把	12	样冲			1个
5	扁锉	300 mm	一号纹	1把	13	手锤	0.5 kg		1个
6	扁锉	250 mm	三号纹	1把	14	软钳口			1副
7	扁锉	100 mm	五号纹	1把	15	锉刀刷			1把
8	锯弓	300 mm		1把	16	油漆刷	1寸~2寸		1把

(二)工件制作步骤(表2-9)

表2-9 制作直角块的操作步骤

序号	步骤	图示	操作内容及注意事项
1	检查毛坯	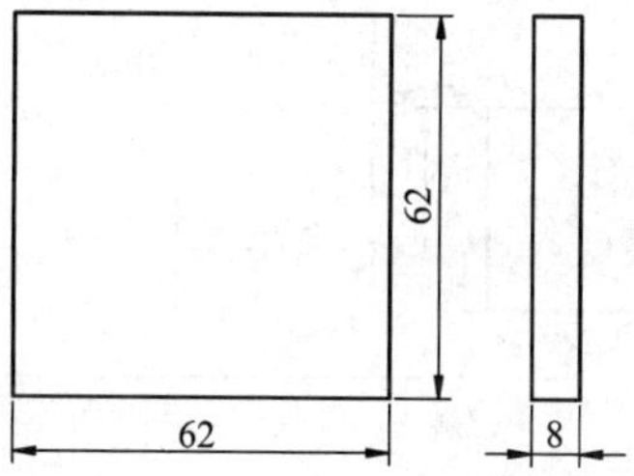	按图示检查毛坯 1)毛坯清理 2)检查毛坯尺寸
2	加工第一基准面	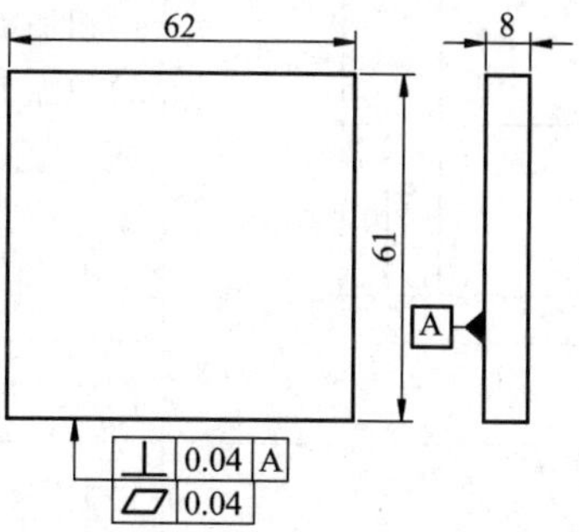	1)保证加工面与大平面的垂直度要求 2)保证加工面的直线度与平面度要求

序号	步骤	图示	操作内容及注意事项
3	加工相邻基准面	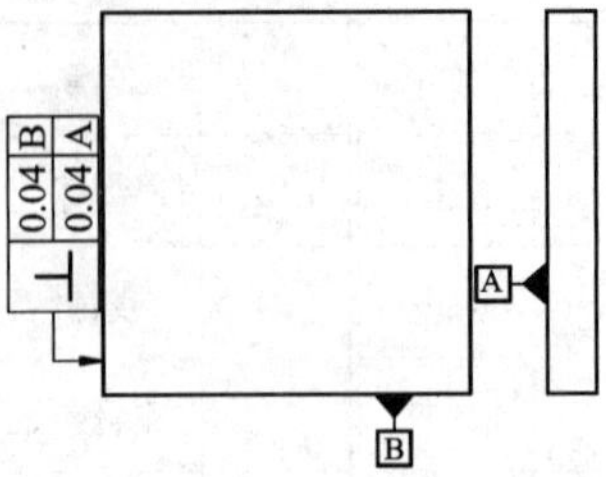	1）保证与第一基准面以及大平面的垂直度要求 2）保证加工面的直线度与平面度要求
4	划出加工线	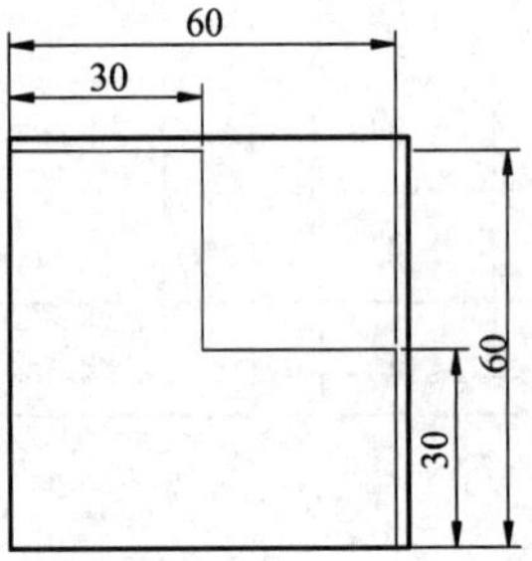	分别以两基准面为基准划出加工线 60 mm、30 mm
5	锯削	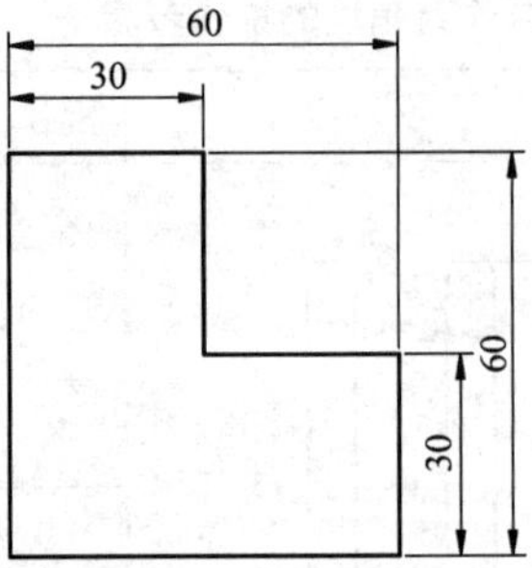	锯削去除多余材料，并为锉削留 0.2 mm 以上的余量
6	锉削	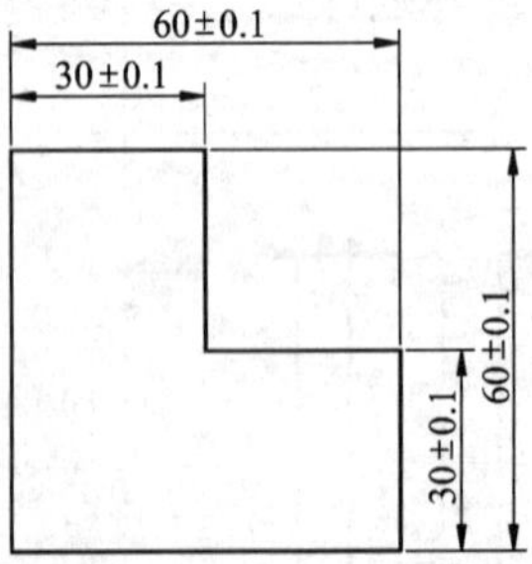	1）粗加工至加工线 2）精加工至图纸尺寸
7	修整		倒棱，去毛刺
8	交检		根据评分标准进行检查评分

（三）评价反馈（表 2 – 10）

表 2 – 10 制作直角块的评分表

考核项目	考核内容	考核要求	配分	评分标准	得分
主要项目	尺寸精度	（60 ± 0.1）mm（2 处）	25	每超差 0.01 mm 扣 3 分，超差 0.03 mm 不得分	
	尺寸精度	（30 ± 0.1）mm（2 处）	25	每超差 0.01 mm 扣 3 分，超差 0.03 mm 不得分	
	垂直度	⊥ 0.04 A	10	每超差 0.01 mm 扣 0.5 分，超差 0.05 mm 不得分	
	垂直度	⊥ 0.04 B	10	每超差 0.01 mm 扣 0.2 分，超差 0.15 mm 不得分	
一般项目	平行度	∥ 0.04 B	7	每超差 0.01 mm 扣 0.5 分	
	表面粗糙度	Ra1.6	16	超差不得分	
	平面度	▱ 0.04	7	每超差 0.01 mm 扣 0.2 分	
其他项目	安全	安全文明生产		不符合要求则从总分扣 1 ~ 50 分，发生较大事故者不得分	
	工具设备使用	正确、规范使用工、量、刃具及设备，并做到合理保养		不符合要求从总分扣 1 ~ 10 分	
	其他	操作姿势		不符合要求从总分扣 1 ~ 5 分	
		工艺正确		不符合要求从总分扣 1 ~ 5 分	
工时定额	6 h			超 1 h 以上不得分	

项目3 桃心件的制作

一、任务目标

【知识目标】

能够掌握曲面锉削的基本技能的操作要领。

【能力目标】

1. 熟练掌握曲面锉削的姿势和方法。

2. 能够按图样要求正确加工零件，达到图纸要求。

二、任务描述

按图 2 – 30 所示要求完成桃心零件制作。

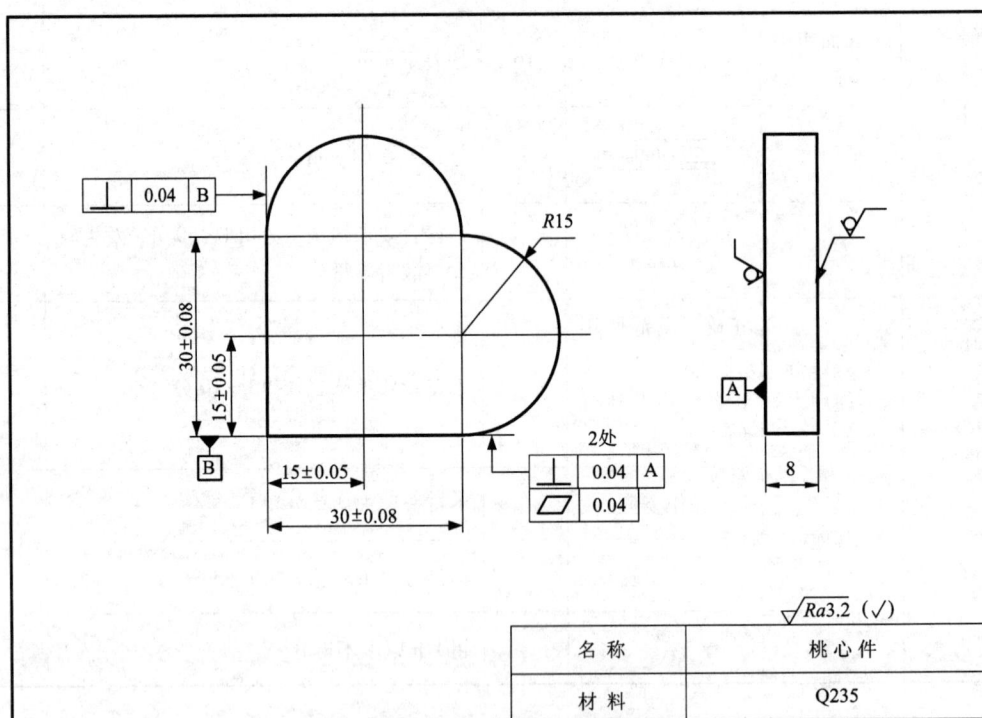

图 2 – 30 桃心件零件图

三、任务分析

桃心件制作包括划线、锯削、锉削等钳工基本加工方法和操作技能，以及钳工常用工、量具的使用与保养方法和工件检测方法，其难点在于曲面的加工。

44

四、相关知识

(一)曲面锉削

1. 外圆弧面的锉削方法

(1)横向锉法。锉刀主要是向圆弧轴线方向推动,同时不断地沿圆弧面摆动,如图2-31(a)所示。横向锉法的锉削效率高,但锉削后的圆弧面不够圆滑,一般适用于圆弧面的粗加工。

(2)顺向滚锉法。锉削时,右手在推锉时下压,左手自然上抬,如图2-31(b)所示。锉削后的圆弧面光洁圆滑,适用于圆弧面的精加工。

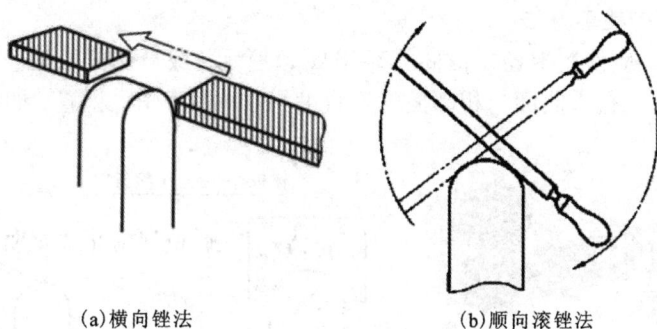

(a)横向锉法　　　　　　　　　(b)顺向滚锉法

图2-31　外圆弧面锉削方法

2. 内弧面的锉削方法

锉削内弧面时,应使用半圆锉或圆锉。锉削时,应同时完成三个运动,即锉刀向前的推动、锉刀沿圆弧面向左或向右的移动和绕锉刀轴线的转动,如图2-32所示。

图2-32　内圆弧面锉削方法

3. 球面的锉削方法

锉刀在完成外圆弧锉削复合运动的同时,还应绕球中心作周向摆动,如图2-33所示。

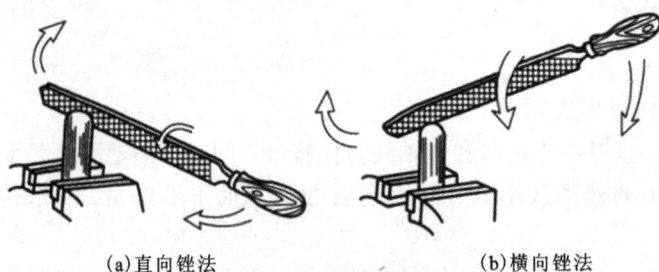

(a)直向锉法　　　　　　　　　(b)横向锉法

图2-33　球面锉削方法

(二)锉削曲面的检查方法

在锉削曲面时,应使用半径规,如图2-34(a)所示,或自制样板检查曲面的轮廓精度,如图2-34(b)所示。检查曲面与相邻面的垂直度,可使用直角尺检查,如图2-34(c)所示。

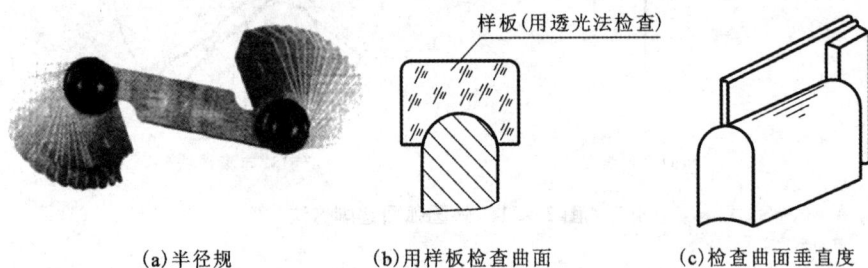

样板(用透光法检查)

(a)半径规　　　　(b)用样板检查曲面　　　　(c)检查曲面垂直度

图2-34　曲面的检查方法

(三)锉削顺序

1.选择锉削的基准面

(1)当工件上有几个面都需要锉削时,一般应选择较大的或精度要求较高的面作为基准面。因为较大的表面易于锉削平整,便于工件的测量,以及便于后道工序放置平稳。

(2)当工件需要锉削内外表面时,对应选择外表面作为基准面,因为外表面便于加工及测量。

2.其他面的锉削顺序

基准面锉削后,一般应先锉削平行面,再锉削垂直面,最后锉削斜面和曲面。

3.平面与曲面的连接时的锉削顺序

当工件上存在平面与曲面的连接,一般粗锉时,应先锉削平面,后锉削曲面;精锉时,则应平面、曲面配合进行锉削。

五、任务实施

(一)工件制作前的准备

1.材料准备(表2-11)

表 2 – 11　制作桃心件材料清单

序号	材料名称	规格	数量	备注
1	Q235	62 mm × 62 mm × 8 mm	1 件	1 件/人

2. 设备准备(表 2 – 12)

表 2 – 12　制作桃心件设备清单

序号	名称	规格	数量	序号	名称	规格	数量
1	划线(测量)平板	500 mm × 400 mm	1 块/8 人	3	台虎钳	200 mm	1 个/人
2	方箱(靠铁)	100 mm × 100 mm	与平板配套	4	钳 台	800 mm	1 工位/人

3. 工具、量具、刃具准备(表 2 – 13)

表 2 – 13　制作桃心件工、量、刃具清单

序号	名称	规格	精度	数量	序号	名称	规格	精度	数量
1	游标高度尺	0 ~ 200 mm	0.02 mm	1 个	9	锯条	中齿		2 根
2	游标卡尺	0 ~ 150 mm	0.02 mm	1 个	10	划针			1 根
3	直角尺	100 mm × 63 mm	一级	1 个	11	钢板尺	200 mm		1 个
4	刀口尺	100 mm	一级	1 个	12	样冲			1 个
5	扁锉	300 mm	一号纹	1 个	13	手锤	0.5 kg		1 个
6	扁锉	250 mm	三号纹	1 个	14	软钳口			1 副
7	扁锉	100 mm	五号纹	1 个	15	锉刀刷			1 个
8	锯弓	300 mm		1 把	16	油漆刷	1 寸 ~ 2 寸		1 个

(二)工件制作步骤(表 2 – 14)

表 2 – 14　制作桃心件的操作步骤

序号	步骤	图示	操作内容及注意事项
1	检查毛坯	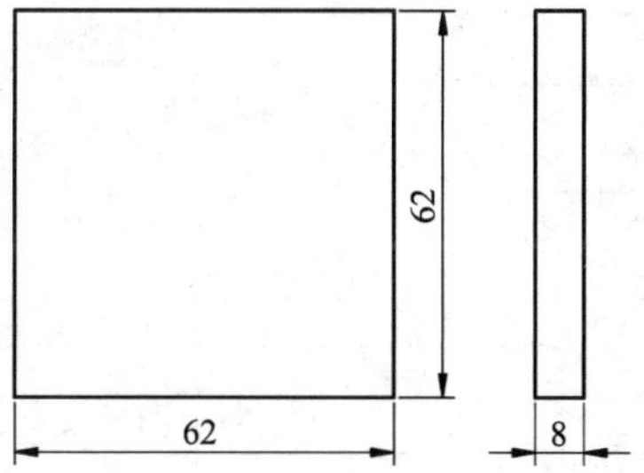	按图示检查毛坯 1)毛坯清理 2)检查毛坯尺寸

序号	步骤	图示	操作内容及注意事项
2	加工第一基准面	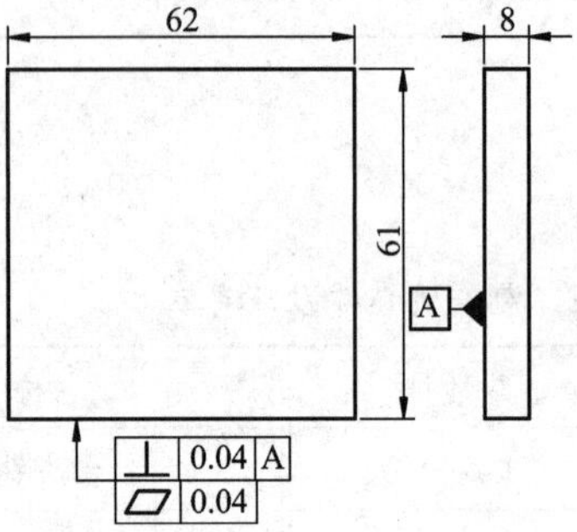	1)保证加工面与大平面的垂直度要求 2)保证加工面的直线度与平面度要求
3	加工相邻基准面	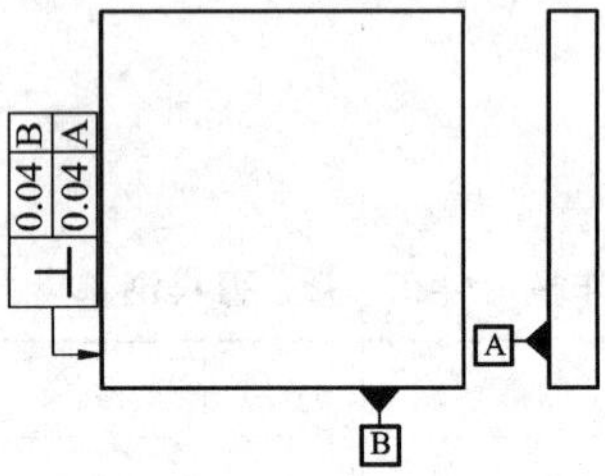	1)保证与第一基准面以及大平面的垂直度要求 2)保证加工面的直线度与平面度要求
4	划出加工线	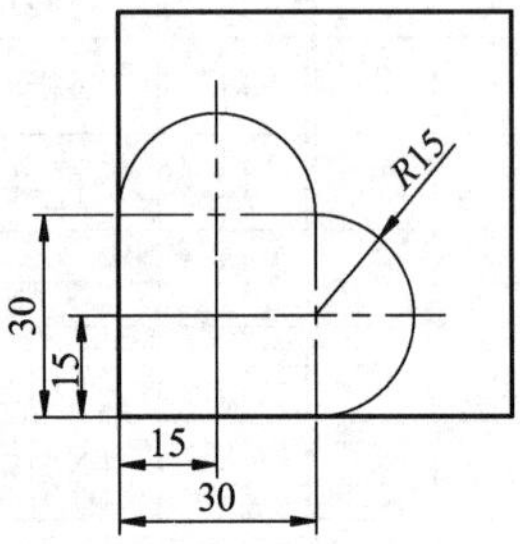	分别以两基准面为基准划出加工线 30 mm、15 mm,以两线交点为中心,打上样冲眼,用划规划出 R15 mm 圆弧
5	锯削		锯削去除多余材料,并为锉削留0.2 mm 以上的余量
6	锉削	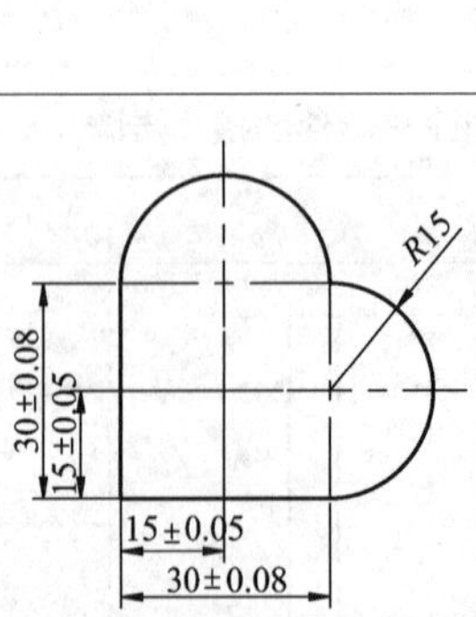	1)粗加工至加工线 2)精加工至图纸尺寸
7	修整		倒棱,去毛刺
8	交检		根据评分标准进行检查评分

48

（三）评价反馈（表2 – 15）

表2 – 15 制作桃心件的评分表

考核项目	考核内容	考核要求	配分	评分标准	得分
主要项目	尺寸精度	(30 ± 0.08)mm （2处）	15	每超差0.01 mm扣3分，超差0.03 mm不得分	
	尺寸精度	(15 ± 0.05) （2处）	15	每超差0.01 mm扣3分，超差0.03 mm不得分	
	圆弧	$R15$ mm （2处）	15	每超差0.01 mm扣0.5分，超差0.05 mm不得分	
一般项目	垂直度	⊥ $\varnothing0.04$ B	10	每超差0.1 mm扣1分	
	垂直度	⊥ 0.04 A	10	每超差0.1 mm扣1分	
	表面粗糙度	$Ra3.2$	5	超差不得分	
	平面度	▱ 0.04	5	每超差0.1 mm扣1分	
其他项目	安全	安全文明生产	10	不符合要求则从总分扣1~50分，发生较大事故者不得分	
	工具设备使用	正确、规范使用工、量、刃具及设备，并做到合理保养	5	不符合要求则从总分扣1~10分	
	其他	操作姿势	5	不符合要求则从总分扣1~5分	
		工艺正确	5	不符合要求则从总分扣1~5分	
工时定额	6 h			超1 h以上不得分	

模块三
配合零件加工操作技能训练

项目 1　凸凹件明配

一、任务目标

【知识目标】

了解錾子的结构，錾削适用的场合。

【能力目标】

熟练掌握錾削的姿势和方法，能正确使用錾削工具进行加工。

二、任务描述

按图样所示要求完成凸凹件明配零件制作。

三、任务分析

凸凹件明配(图 3 - 1)是比较简单的配合件，包括钳工基本加工方法和操作技能。本项目重点考核钳工锉配的操作技能，以及錾削加工的操作方法与技能。

四、相关知识

(一)錾削工具

1. 錾削概述

錾削是利用手锤击打錾子，实现对工件切削加工的一种方法。

它主要用于不便于机械加工的场合。工作范围包括去除毛坯的飞边、毛刺、浇冒口，也可以切割板料、条料，开槽以及对金属表面进行粗加工。尽管錾削工作效率低，劳动强度大，但是由于它所使用的工具简单，操作方便，因此仍起到重要的作用。

2. 錾子

(1)錾子的结构

錾子一般由碳素工具钢制成。它由切削部分、錾身、头部组成，如图 3 - 2 所示。

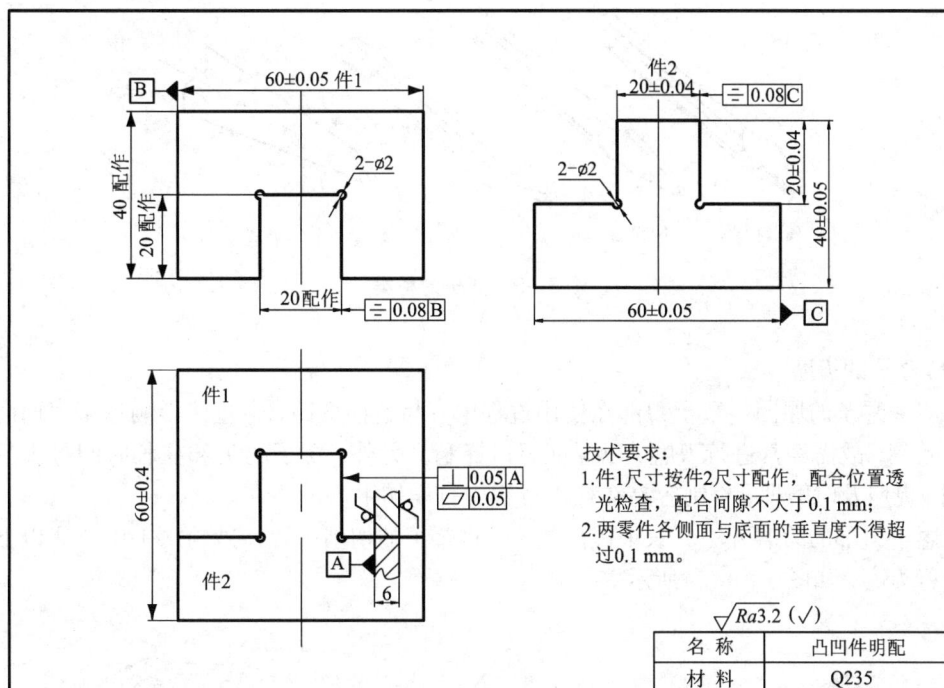

图 3 − 1　凸凹件明配图纸

技术要求：
1.件1尺寸按件2尺寸配作，配合位置透光检查，配合间隙不大于0.1 mm；
2.两零件各侧面与底面的垂直度不得超过0.1 mm。

$\sqrt{Ra3.2}$ (√)

名　称	凸凹件明配
材　料	Q235

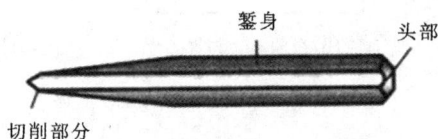

图 3 − 2　錾子的结构

（2）錾子的种类

①扁錾。扁錾的切削刃较长，切削部分扁平，如图 3 − 3（a）所示。用于錾削平面，去除毛刺、飞边，以及切断材料等，应用最广。

②窄錾。窄錾的切削刃较短，且刃的两侧自切削刃起向柄部逐渐变窄，以保证在錾槽时两侧不会被工件卡住。窄錾用于錾槽及将板料切割成曲线等，如图 3 − 3（b）所示。

③油槽錾。油槽錾的切削部分制成弯曲形状，切削刃很短，且制成圆弧形，如图 3 − 3（c）所示。

在实际工作中精修平面时，錾子容易打滑，故可以将扁錾或窄錾刃磨成偏锋錾子，在錾削时，使錾子刃口更容易贴合被加工表面。錾削时，要求刃口窄的一面作为錾子的后刀面，如图 3 − 3（d）所示。

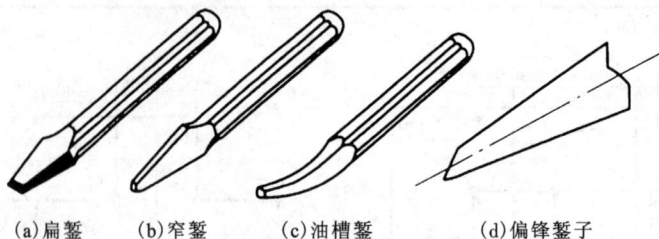

(a)扁錾　　(b)窄錾　　(c)油槽錾　　(d)偏锋錾子

图 3 - 3　錾子的种类

（4）錾子的刃磨

①刃磨錾子的原因。錾子刃部在使用过程中容易磨损变钝，会直接影响加工表面的质量和工作效率，故需经常进行刃磨，以保证刃口锋利。另外，錾子的头部在长时间敲击后会产生毛刺，也应及时磨掉，否则容易在敲击过程中打崩伤手。

②錾子刃部的刃磨方法。双手握持錾子，将錾子的切削刃置于砂轮水平中心线以上的轮缘处进行刃磨，如图 3 - 4（a）所示。

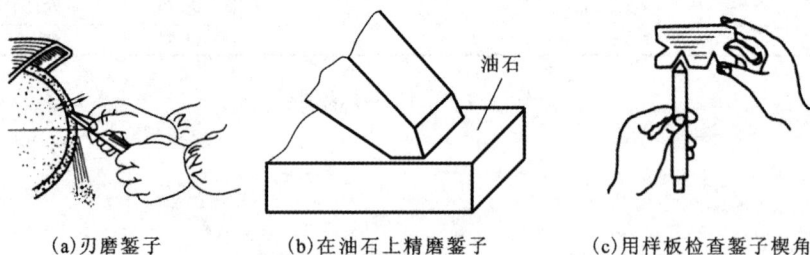

(a)刃磨錾子　　　(b)在油石上精磨錾子　　　(c)用样板检查錾子楔角

图 3 - 4　錾子的刃磨

刃磨时，用力不能太大，錾子左右移动要平稳、均匀。当錾削面要求较高时，錾子还应在油石上精磨，如图 3 - 4（b）所示。錾子楔角的两面应交替进行刃磨，直至錾刃平直。錾子楔角刃磨后，可用样板检查，如图 3 - 4（c）所示。

錾子在刃磨时，应经常浸水冷却，以免导致过热退火。

3. 手锤

手锤又称为榔头，是钳工常用的敲击工具，如图 3 - 5 所示。

手锤由锤头和木柄两部分组成。其规格是以锤头的重量大小来表示，有 0. 25 kg、0. 5 kg、0. 75 kg、1 kg 等几种（工厂常按磅来分，1 磅≈0. 45 kg）。锤头用碳素工具钢制成并经淬硬处理。木柄选用硬木制成，木柄长度应根据操作者的肘长来确定。确定方法为手握锤头，木柄应与手肘对齐，常用的手锤木柄长为 350 mm 左右。

木柄应安装可靠，为了防止锤头脱落造成事故，锤头的孔做成喇叭形，即孔的中间小，两端大，以便木柄装入后再敲入楔子固定。为了防止楔子松脱，通常楔子制有倒刺。

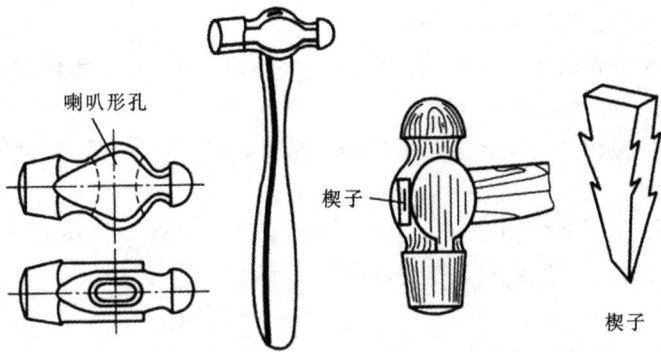

图 3 - 5　手锤

(二)錾削加工

1. 錾子和手锤握法

(1)錾子的握法

一般分为正握法和反握法两种,如图 3 - 6 所示。操作熟练后,可根据生产过程中的实际需要握持。

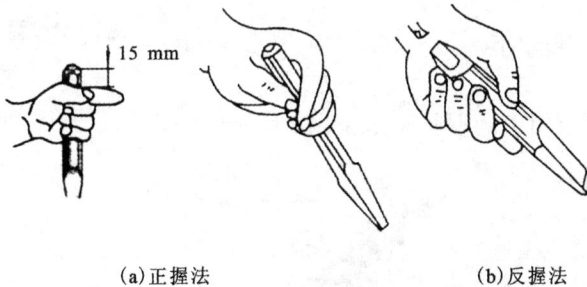

(a)正握法　　　　　　　(b)反握法

图 3 - 6　錾子的握法

(2)手锤的握法

手锤的握法一般分紧握法和松握法两种,如图 3 - 7 所示。采用紧握法敲击,手心容易出汗,容易造成握持手锤打滑而出现事故,容易造成操作疲劳,故不建议初学者使用。

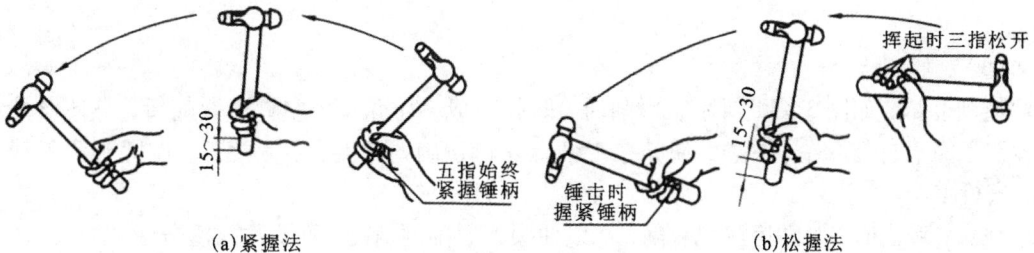

(a)紧握法　　　　　　　(b)松握法

图 3 - 7　手锤的握法

（3）挥锤方法

挥锤的方法有腕挥、肘挥和臂挥三种：

①腕挥。只依靠手腕的运动来挥锤，如图3-8(a)所示。此方法锤击力较小，腕挥一般适用于起始、收尾、修整或錾油槽等场合。

②肘挥。利用手腕和手肘一起运动来挥锤，如图3-8(b)所示。肘挥的锤击力较大，应用最广。

③臂挥。利用于腕、手肘和手臂一起来挥锤，如图3-8(c)所示。臂挥的锤击力最大，用于需要大量錾削的场合，在装配工作中也应用较多。

2. 錾削方法

（1）錾子的放置如图3-9所示。

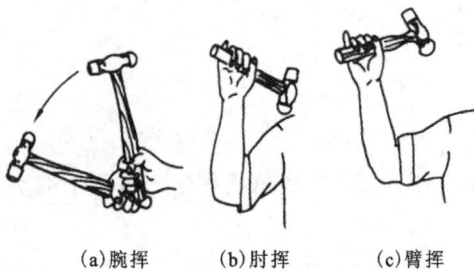

(a)腕挥　　(b)肘挥　　(c)臂挥

图3-8　挥锤方法

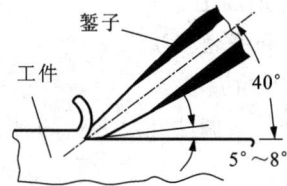

图3-9　錾子的放置

（2）錾削工件在台虎钳上的安装如图3-10所示。

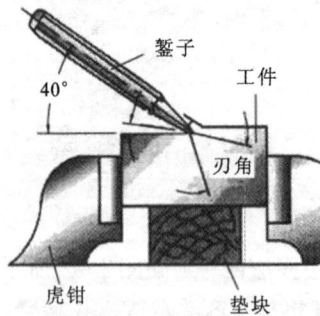

图3-10　錾削工件在台虎钳上的安装

（3）錾削姿势

錾削姿势，如图3-11所示。錾削时，两脚互成一定角度，左脚稍微朝后，身体自然站直，重心偏于右胸。左手握錾，使其在工件上保持正确的角度；右手挥锤，使锤头沿弧线运动，进行敲击。

注意：敲击时，眼睛应注视錾削处，以便观察錾削的情况，不要注视捶击处。

54

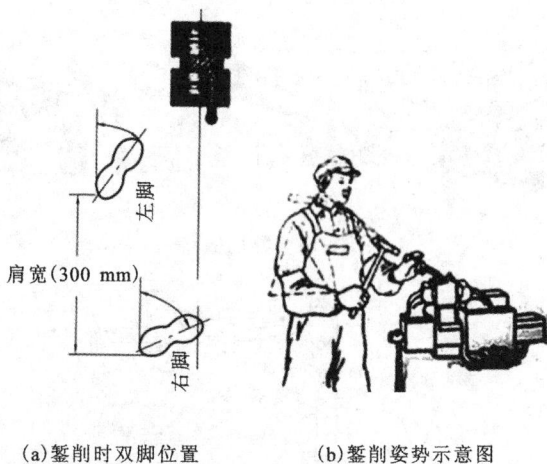

(a)錾削时双脚位置　　　(b)錾削姿势示意图

图 3 – 11　錾削姿势

（4）平面錾削

錾削平面时，主要用扁錾，每次錾削余量 0.5 ~ 2 mm。开始錾削时，应从工件侧面的尖角处轻轻起錾。因为尖角处与切削刃接触面小，阻力小，容易切入，能较好地控制加工余量，不致产生滑移及弹跳现象。起錾后，再把錾子逐渐移向中间，使切削刃的全宽参与切削。

当錾削快到尽头，与尽头相距约 10 mm 时，应掉头錾削，否则，尽头的材料容易崩裂，如图 3 – 12 所示。对铸铁、青铜等脆性材料应尤其重视。

宽平面的錾削方法如图 3 – 13 所示。应先用窄錾在工件上开若干条平行槽，再用扁錾将剩余部分錾去，这样能避免錾子的切削部分两侧受工件的卡阻，錾削较省力。

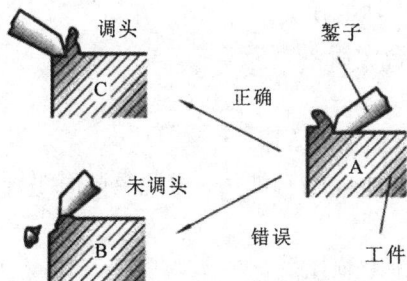

图 3 – 12　錾削快到尽头时应调头

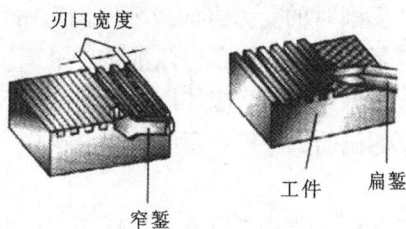

图 3 – 13　宽平面的錾削

（5）錾切板料

①在台虎钳上錾切。夹紧工件时，工件的切断线要与钳台平齐，用扁錾沿着钳口并斜对着板料，自右向左錾切，如图 3 – 14 所示。

②錾切尺寸较大的薄板料应在铁砧（或平板）上切断。錾切时应在板料下面衬以软材料，以免损坏錾子刃口，如图 3 – 15 所示。

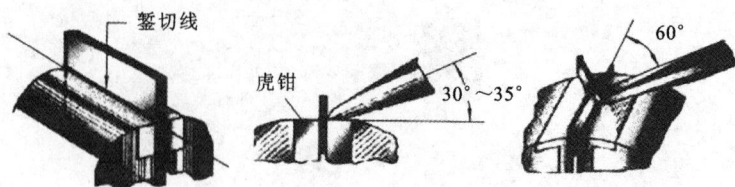

图3-14 錾切板料

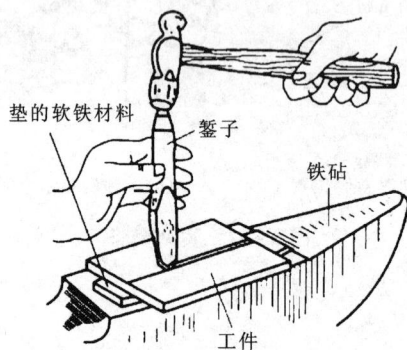

图3-15 在铁砧上錾切板料

3.錾削时的安全文明生产

①錾削前，应认真检查锤头有无松动，锤柄有无裂纹，避免操作时锤头飞出伤人。

②錾削前，应注意四周环境，錾削者前方不能站人，避免铁屑飞溅伤人；挥锤时，应注意背后是否有人。

③錾削时，工件必须夹持正确，且夹持力应适当。夹持太紧，会夹伤工件表面；夹持太松，会造成工件夹持不稳而影响加工精度，甚至工件会掉落伤人。

④錾削时的受力方向应朝向固定钳身，避免损坏台虎钳。

⑤錾削时，操作者应佩戴防护眼镜。

⑥清除铁屑时，应使用刷子清除，不能用嘴吹，避免铁屑入眼。

⑦錾削时，操作者不能戴手套操作，且操作者手上不能粘有油污，避免錾削时手锤滑出伤人。

⑧錾削过程中，应及时磨掉錾子头部的毛刺，防止毛刺扎手。

⑨合理安排操作时间，严禁疲劳作业。

五、任务实施

(一)工件制作前的准备

1.材料准备(表3-1)

表3-1 制作凸凹件明配材料清单

序号	材料名称	规格	数量	备注
1	Q235	62 mm×42 mm×6 mm	2 件	2 件/人

2. 设备准备(表 3 - 2)

表 3 - 2　制作凸凹件明配设备清单

序号	名称	规格	数量	序号	名称	规格	数量
1	划线(测量)平板	500 mm × 400 mm	1块/8 人	5	台虎钳	200 mm	1个/人
2	方箱(靠铁)	100 mm × 100 mm	与平板配套	6	钳台		1工位/人
3	台式钻床	Z512	1台/8 人	7	砂轮机		1 台
4	平口虎钳(带平行垫铁)	100 mm	与台钻配套				

3. 工具、量具、刃具准备(表 3 - 3)

表 3 - 3　制作凸凹件明配工、量、刃具清单

序号	名称	规格	精度	数量	序号	名称	规格	精度	数量
1	游标高度尺	0 ~ 200 mm	0.02 mm	1 把	13	锯条	中齿		2 根
2	游标卡尺	0 ~ 150 mm	0.02 mm	1 把	14	划规	150 mm		1 个
3	直角尺	100 mm × 63 mm	一级	1 把	15	划针			1 根
4	刀口尺	100 mm	一级	1 把	16	钢板尺	200 mm		1 把
5	钻夹头	ϕ12 mm		1 个	17	样冲			1 个
6	钻花	ϕ2 mm		1 个	18	手锤	0.5 kg		1 个
7	塞尺	0.02 ~ 0.5 mm		1 组	19	软钳口	200 mm		1 副
8	扁锉	300 mm	一号纹	1 把	20	锉刀刷	钢丝		1 把
9	扁锉	250 mm	三号纹	1 把	21	油漆刷	1寸 ~ 2寸		1 把
10	扁锉	100 mm	五号纹	1 把	22	油石	自定截面		1 ~ 2 块
11	三角锉	150 mm	四号纹	1 把	23	机油煤油			适量
12	锯弓	300 mm		1 把	24	抹布棉纱			适量

(二)工件制作步骤(表 3 - 4)

表 3 - 4　制作凸凹件明配的操作步骤

序号	步骤	图示	操作内容及注意事项
1	检查毛坯	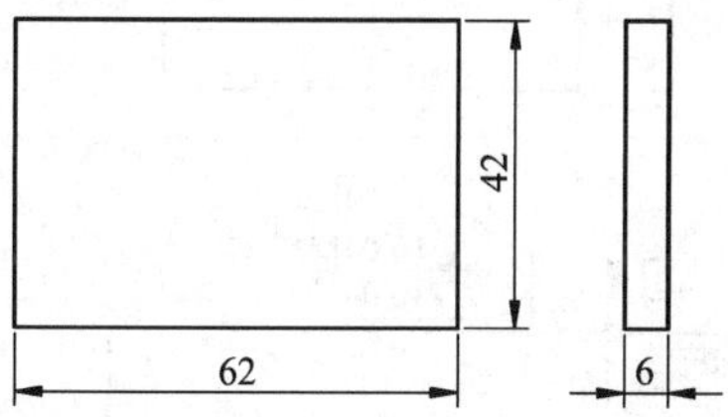	按图示检查毛坯 1)毛坯清理 2)检查毛坯尺寸

序号	步骤	图示	操作内容及注意事项
2	加工凸件相邻两基准面	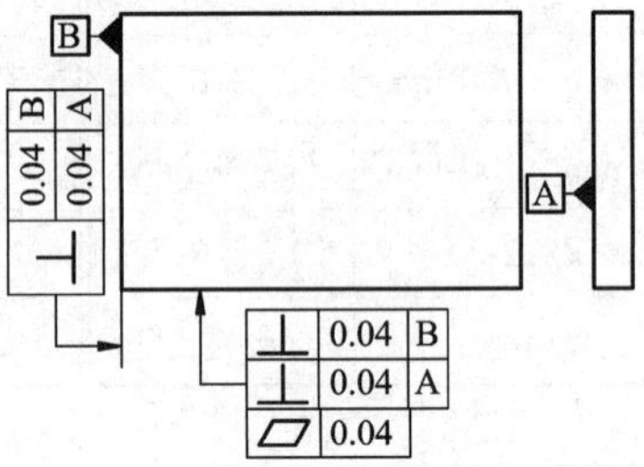 B　0.04 B　0.04 A　A　⊥ 0.04 B　0.04 A　0.04	1)保证加工面与大平面、相邻面的垂直度要求 2)保证加工面的直线度与平面度要求
3	划出加工线	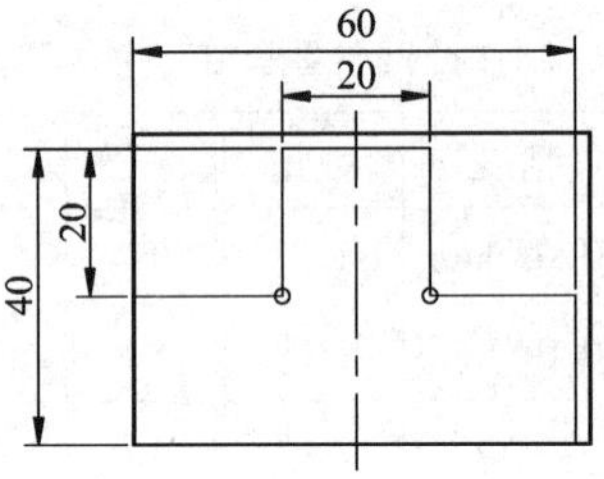 60　20　40　20	分别以两基准面为基准划出加工轮廓线,以两线交点为中心,打上样冲眼
4	锯削		锯削去除距基准面远端的材料,并保留锉削余量
5	锉削	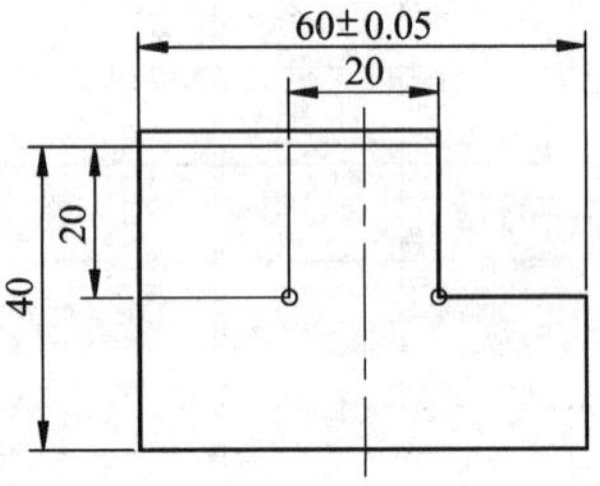 60±0.05　20　40　20	锉削步骤4中去除材料后的位置,达到要求尺寸
6	锯削		锯削去除距基准面近端的材料,并保留锉削余量
7	锉削	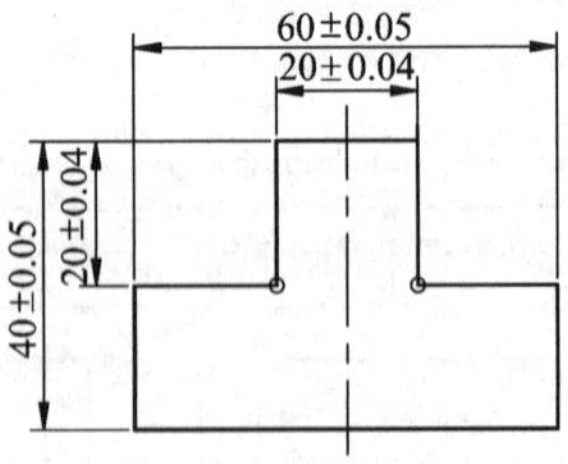 60±0.05　20±0.04　40±0.05　20±0.04	锉削步骤6中去除材料后的位置,达到要求尺寸
8	加工凹件两相邻基准面	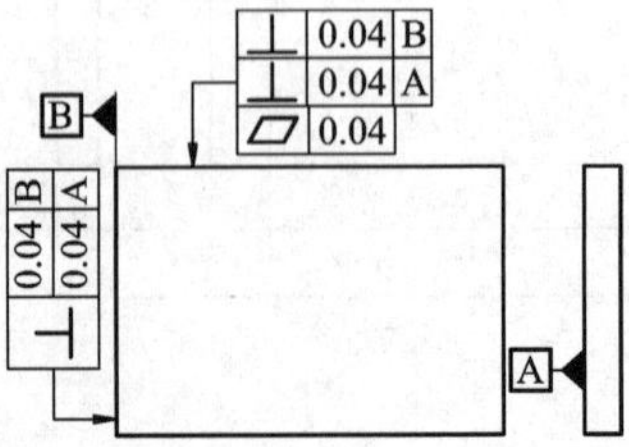 ⊥ 0.04 B　0.04 A　0.04　B　0.04 B　0.04 A　⊥　A	1)保证加工面与大平面、相邻面的垂直度要求 2)保证加工面的直线度与平面度要求

续表 3 – 4

序号	步骤	图示	操作内容及注意事项
9	划出加工线	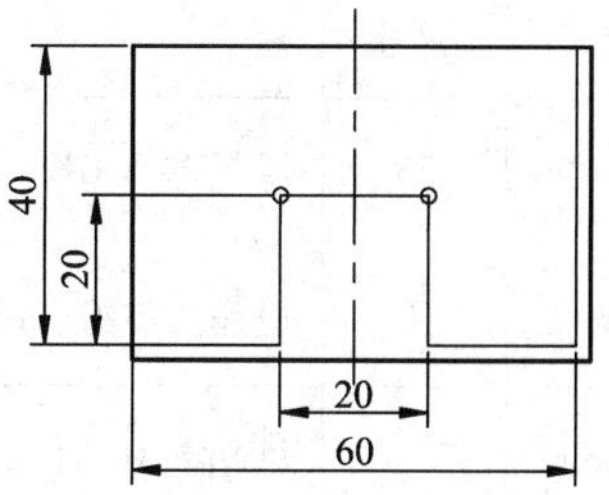	分别以两基准面为基准划出加工轮廓线,以两线交点为中心,打上样冲眼
10	定心		定钻排孔中心,注意留足锉削、錾削余量
11	钻排孔	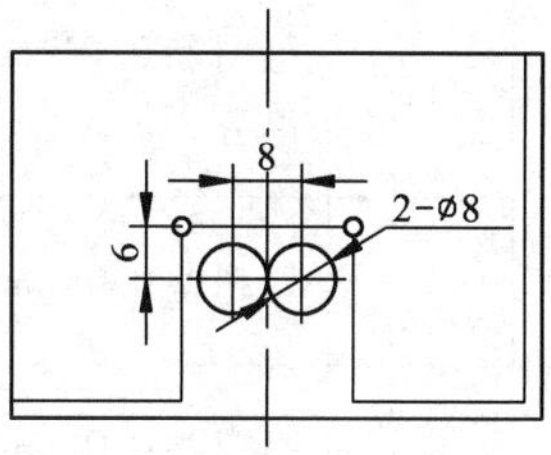	根据钻孔要求,先钻两角处孔,再钻中部孔
12	锯削		沿凹件中部凹形加工边线,锯两条缝,并保留锉削余量
13	錾削		用錾子顶住排孔位置,通过锤击,将多余材料去除
14	锉削	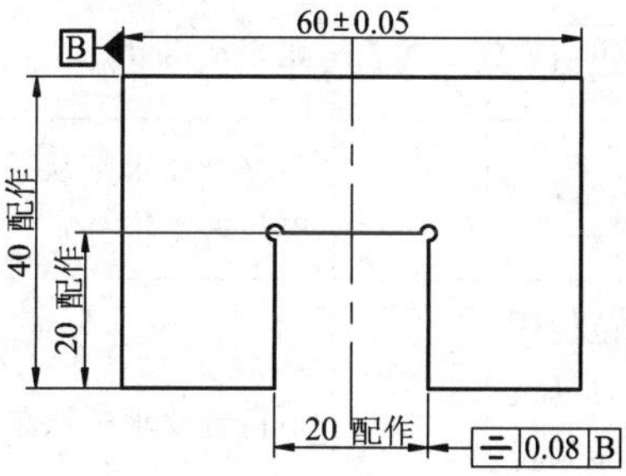	通过配锉的方式将凹形位置锉削至要求尺寸
15	修整		倒棱,去毛刺
16	交检		根据评分标准进行检查评分

（三）评价反馈（表3-5）

表3-5 制作凸凹件明配的评分表

考核项目	考核内容	考核要求	配分	评分标准	得分
主要项目	配合间隙	≤0.1 mm	25	每超差0.01 mm扣2分	
	互换间隙	≤0.1 mm	7	每超差0.01 mm扣1分	
	尺寸精度	(20±0.04)mm (2处)	12	每超差0.01 mm扣3分，超差0.03 mm不得分	
	尺寸精度	(40±0.04)	6	每超差0.01 mm扣3分，超差0.03 mm不得分	
	尺寸精度	(60±0.05) (2处)	12	每超差0.01 mm扣3分，超差0.03 mm不得分	
	尺寸精度	(60±0.4)	6	每超差0.05 mm扣1分	
	对称度	⟮⬭ 0.08 C⟯ (2处)	12	每超差0.01 mm扣0.5分，超差0.05 mm不得分	
一般项目	表面粗糙度	Ra3.2	10	大于Ra3.2不得分	
	垂直度	⟮⊥ 0.05 A⟯	5	每超差0.01 mm扣0.5分	
	平面度	⟮▱ 0.05⟯	5	超差不得分	
其他项目	安全	安全文明生产		不符合要求则从总分扣1~10分，发生较大事故者不得分	
	工具设备使用	正确、规范使用工、量、刃具及设备，并做到合理保养		不符合要求则从总分扣1~5分	
	其他	操作姿势		不符合要求则从总分扣1~5分	
		工艺正确		不符合要求则从总分扣1~5分	
工时定额	6 h			超1 h以上不得分	

60

项目2　凸凹件暗配

一、任务目标

【知识目标】

1. 了解麻花钻的结构。

2. 了解麻花钻切削部分的几何角度及作用，掌握麻花钻的刃磨方法。

【能力目标】

1. 熟练掌握钻孔的操作方法，能正确使用钻床进行加工。

2. 能够按图样要求正确加工零件，达到图纸要求。

二、任务描述

按图 3 – 16 所示要求完成凸凹件暗配零件制作。

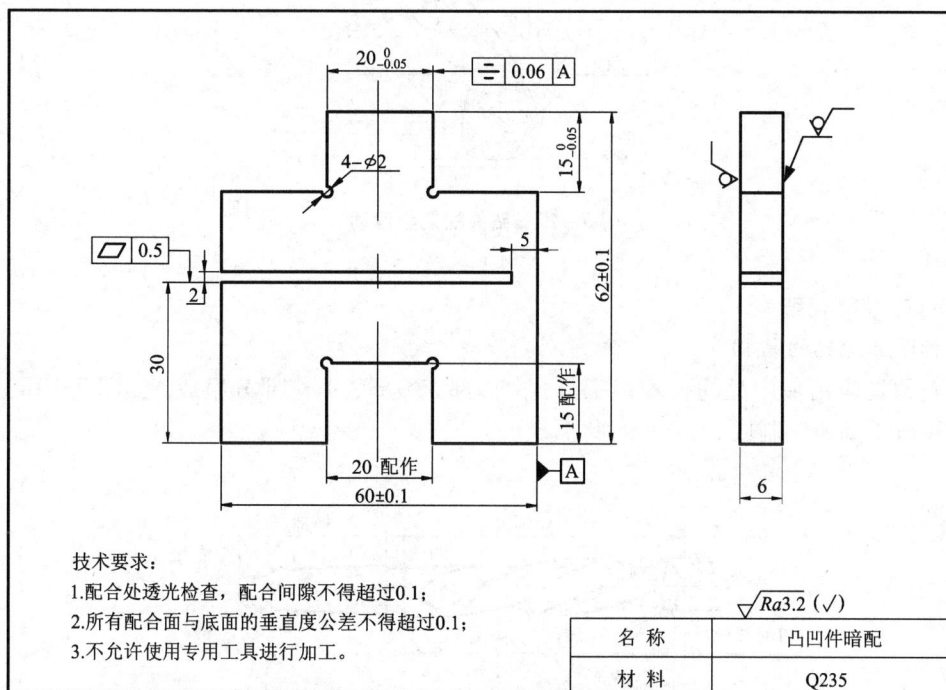

图 3 – 16　凸凹件暗配零件图

三、任务分析

凸凹件暗配是一般复杂的配合件，包括钳工基本加工方法和操作技能。本项目重点考核钳工锉配的操作技能，以及孔加工的操作方法与技能。

61

四、相关知识

(一)孔加工概述

孔加工是钳工工艺的重要组成内容之一。钳工加工孔的方法主要有两类：一类是用钻头在实心材料上加工出孔，另一类是用扩孔钻、锪钻、铰刀对工件上已有孔进行再加工的操作。

用钻头在实体材料上加工出孔的工作称为钻孔。钻孔时，工件固定在工作台上不动，依靠钻头运动来切削，如图 3-17 所示。其切削过程由两个运动合成：主运动(钻头的旋转运动)和进给运动(沿孔深方向的直线移动)。

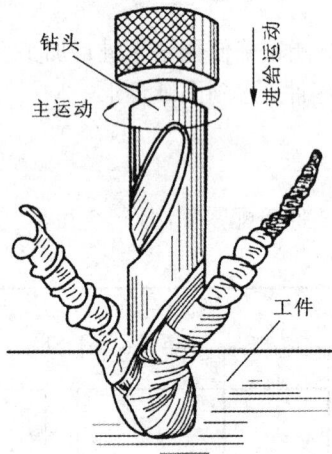

图 3-17　钻头的切削运动

(二)标准麻花钻

1. 标准麻花钻的结构

麻花钻是应用最广泛的孔加工工具，由柄部、颈部、工作部分组成，如图 3-18 所示。麻花钻一般用高速钢制成。

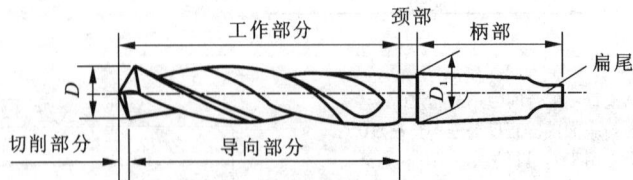

(a)锥柄式

(b)直柄式

图 3-18　麻花钻的结构

（1）柄部。用来装夹并传递动力（扭矩和轴向力）。根据传递扭矩的大小，分为直柄和锥柄两种。当钻头直径 $D \leqslant 12$ mm 时，常制成圆柱柄（直柄）；钻头直径 > 12 mm 时常制成锥柄。

（2）颈部。颈部是钻头的工作部分与柄部的连接部分，位于柄部与工作部分之间，主要作用是在磨削钻头时供砂轮退刀用，通常钻头的规格、材料和商标也刻印在此处。

（3）工作部分。它是钻头的主要部分，担负主要的切削工作。由切削部分和导向部分组成，起切削和导向的作用。

2. 麻花钻切削部分的构成

麻花钻切削部分有四面三刃，如图 3－19 所示。

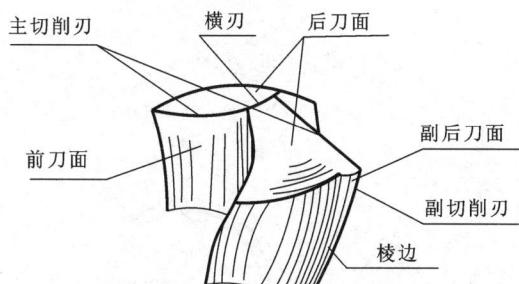

图 3－19　麻花钻切削部分的构成

（1）前刀面。即两个螺旋槽表面，也是切屑流出的表面。

（2）后刀面。位于工作部分的端部，是与工件加工表面（孔底）相对的表面，其形状由刃磨方法决定。

（3）副后刀面。即钻头的棱边（或刃带），是与工件已加工表面（孔壁）相对的表面。

（4）主切削刃。前刀面与后刀面的交线，它担负主要的切削任务。

（5）副切削刃。前刀面与副后刀面的交线。

（6）横刃。两主切削刃的交线，它位于钻头的最前端，这个部分又称钻芯尖。

3. 标准麻花钻的刃磨方法

刃磨时，操作者站立在砂轮左侧，用右手握住钻头的工作部分，食指要尽可能靠近切削部分，作为钻头摆动的支点，主切削刃与砂轮中心平面同置于一个水平面内，并使钻头轴线同砂轮外圆柱间的夹角成 60°左右，如图 3－20（a）所示；右手握钻头并绕钻头轴心转动，左手在后，握住钻头作上下摆动，翻转 180°再用相同方法刃磨另一面，如图 3－20（b）所示。

4. 标准麻花钻的刃磨检验

钻头的几何角度可利用专用样板进行检验，如图 3－21 所示。在实际操作中，最常用的还是采用目测的方法。目测检验时，把钻头切削部分向上竖直，使两主切削刃与视线方向垂直，两眼平视。由于两主切削刃的一前一后会产生视觉误差，往往会感到左刃高而右刃低，所以要旋转 180°后，反复观察几次，如果结果一致，则说明两主切削刃对称。

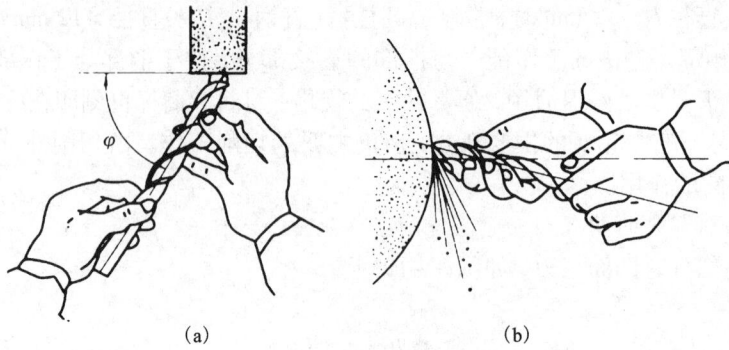

(a)   (b)

图 3 – 20 刃磨

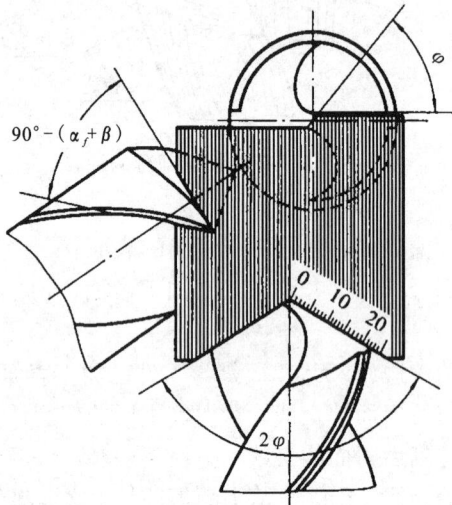

$90° - (\alpha_f + \beta)$

2φ

图 3 – 21 麻花钻的样板检验

（三）钻孔时的切削用量

钻孔时，切削用量包括切削速度、进给量和切削深度三要素。

1.切削速度 v

指钻孔时钻头直径上任一点的线速度，一般指切削刃最外缘处的线速度。

2.进给量

钻孔时的进给量是指钻头每转一周，钻头沿孔深方向移动的距离，单位为 mm/r。

3.切削深度

钻孔时的切削深度是指已加工表面与待加工表面之间的垂直距离。钻孔切削深度等于钻头直径的一半。

（四）钻孔的方法

1.钻孔时工件的划线方法

(1)按钻孔的位置要求，划出孔位的十字中心线，并打上中心冲眼。

64

(2)钻较大直径的孔,应划出几个大小不等的同心检查圆,以便钻孔时检查钻孔的位置,如图 3 – 22(a)所示。当钻孔的位置尺寸要求较高,为了避免敲中心眼时产生偏差,也可直接划出以孔中心线为对称中心的几个大小不等的方格,作为钻孔时的检查线,然后敲打冲眼,以便准确落钻,如图 3 – 22(b)所示。

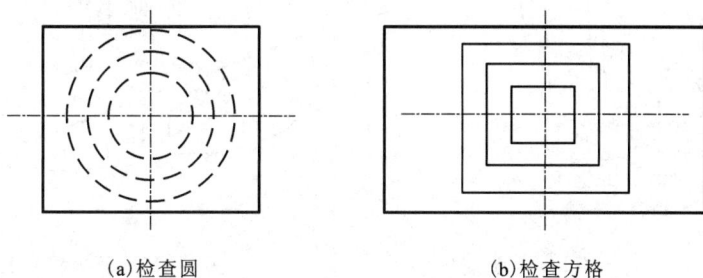

(a)检查圆   (b)检查方格

图 3 – 22   钻孔时的孔位检查

2. 工件的装夹方法

根据工件形状的不同、钻孔直径大小以及切削力大小的不同,要采用不同的安装方法,才能保证钻孔时的安全和钻孔的质量。常用的装夹方法有:

(1)平整的工件,可用平口钳装夹,如 3 – 23 所示,装夹时,应使工件的钻孔表面与钻头直径垂直。钻头直径大于 10 mm 时,必须将平口钳用螺钉、压板固定。

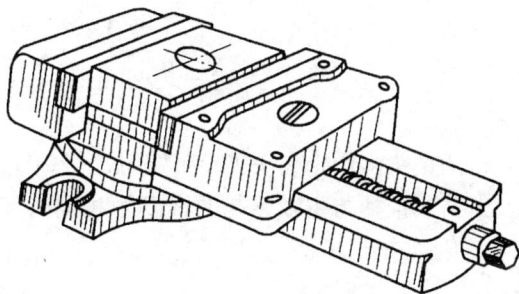

图 3 – 23   平口钳装夹平整的工件

(2)圆杆形工件截向孔,用 V 形铁对工件进行装夹,如图 3 – 24 所示。装夹时,应使钻头轴心线与 V 形铁两斜面的对称面重合,保让钻出孔的中心线通过工件轴心线。

①对直径在 100 mm 以上的较大工件,可用压板夹持的方法装夹,如图 3 – 25 所示。装夹时,压板螺栓应尽量靠近工件。垫铁应比工件压紧表面稍高,避免工件在夹紧过程中发生移动。如果被压表面为已加工表面,要用衬垫进行保护,防止压出印痕。

②表面不平或加工基准在侧面的工件,可用角铁进行装夹.如图 3 – 26 所示。钻孔时,需将角铁固定在钻床工作台上。

③小型工件或薄板件上钻小孔,可用手虎钳进行夹持,如图 3 – 27 所示。

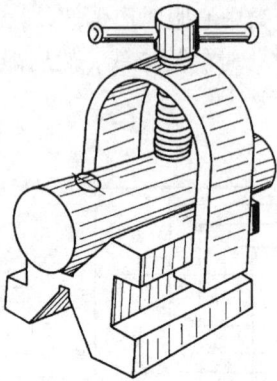

图 3-24　V 形铁装夹圆柱形工件

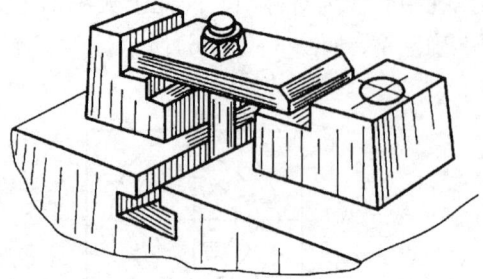

图 3-25　压板夹持工件

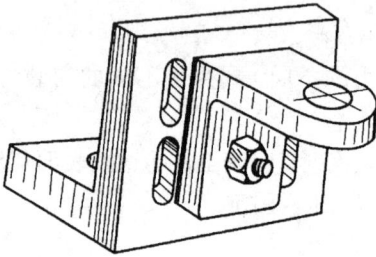

图 3-26　角铁装夹工件

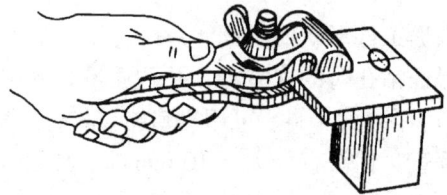

图 3-27　手虎钳装夹工件

3. 钻头的拆装

（1）直柄钻头的拆装。直柄钻头多用钻夹头夹持，如图 3-28（a）所示。

（2）锥柄钻头的拆装。当钻头锥柄与主轴锥孔的锥度号相同时，可直接将钻头装在主轴

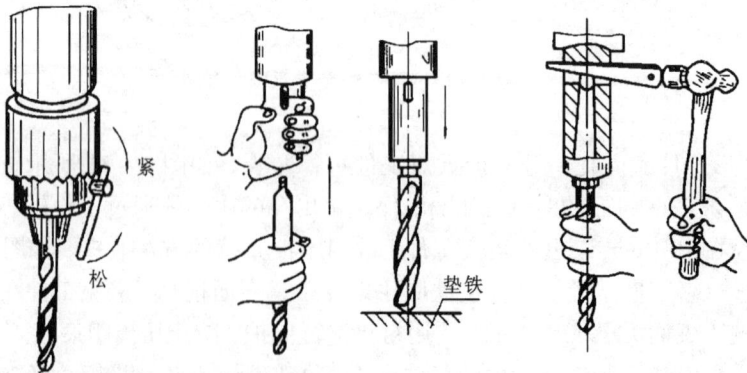

（a）用钻夹头装夹钻头　　　（b）锥柄钻头的安装　　　（c）锥柄钻头的拆卸

图 3-28　钻头的装夹

66

上。当钻头锥柄与主轴锥孔的锥度号不相同时，应选择适当的钻头套，再将钻头套与钻头一起装在主轴上。安装时，应在钻头下方放一块垫铁，用力压下手柄，将钻头装紧，如图 3-28 (b)所示。拆卸时，左手握住钻头，右手将斜铁插入主轴的长圆孔内，用手锤轻敲斜铁尾部，拆出钻头，如图 3-28(c)所示。

4.钻孔方法

(1)试钻。首先将钻头横刃落入孔中心的样冲眼内，再从两个相互垂直的方向上观察，判断钻尖是否对准孔中心。对准后，试钻一浅坑，看所钻浅坑是否与所划的检查圆同心，如不同心，则需要借正后再进行钻削。

(2)借正。当偏移量较少时，可以靠移动工件的位置进行借正；当偏移量较多时，可在借正的方向打几个样冲眼或錾几条槽，以减小该处的切削阻力进行借正。

(3)钻削深孔时，应注意排屑。一般当钻进深度达到钻头直径的 3 倍时，就应退钻排屑，且每再钻进一定深度，就应退钻排屑一次。

(4)钻通孔。当孔即将钻穿时，必须减小进给量。否则，会因轴向阻力突然减小，而产生扎刀。

(5)钻超过 30 mm 的大孔。为了保证钻孔质量，一般直径超过 30 mm 的大孔应分两次钻削。先用 0.5~0.7 倍孔径的钻头钻孔，再使用所需孔径的钻头扩孔。

五、任务实施

(一)工件制作前的准备

1.材料准备(表 3-6)

表 3-6　制作凸凹件暗配材料清单

序号	材料名称	规格	数量	备注
1	Q235	65 mm×65 mm×16 mm	1 件	1 件/人

2.设备准备(表 3-7)

表 3-7　制作凸凹件暗配设备清单

序号	名称	规格	数量	序号	名称	规格	数量
1	划线(测量)平板	500 mm×400 mm	1 块/8 人	5	台虎钳	200 mm	1 个/人
2	方箱(靠铁)	100 mm×100 mm	与平板配套	6	钳台		1 工位/人
3	台式钻床	Z512	1 台/8 人	7	砂轮机		1 台
4	平口虎钳 (带平行垫铁)	100 mm	与台钻配套				

3. 工具、量具、刃具准备(表3-8)

表3-8　制作凸凹件暗配工、量、刃具清单

序号	名称	规格	精度	数量	序号	名称	规格	精度	数量
1	游标高度尺	0～200 mm	0.02 mm	1把	14	扁錾	150 mm		1个
2	游标卡尺	0～150 mm	0.02 mm	1把	15	锯条	中齿		2根
3	直角尺	100 mm×63 mm	一级	1把	16	划规	150 mm		1个
4	刀口尺	100 mm	一级	1把	17	划针			1根
5	钻夹头	ϕ12 mm		1个	18	钢板尺	200 mm		1把/个
6	钻花	ϕ2 mm		1个	19	样冲			1个
7	钻花	ϕ6 mm		1个	20	手锤	0.5 kg		1个
8	塞尺	0.02～0.5 mm		1组	21	软钳口	200 mm		1副
9	扁锉	300 mm	一号纹	1把	22	锉刀刷	钢丝		1把
10	扁锉	250 mm	三号纹	1把	23	油漆刷	1寸～2寸		1把
11	扁锉	100 mm	五号纹	1把	24	油石	自定截面		1～2块
12	三角锉	150 mm	四号纹	1把	25	机油煤油			适量
13	锯弓	300 mm		1把	26	抹布棉纱			适量

(二)工件制作步骤(表3-9)

表3-9　制作凸凹件暗配的操作步骤

序号	步骤	图示	操作内容及注意事项
1	检查毛坯		按图示检查毛坯
			1)毛坯清理 2)检查毛坯尺寸

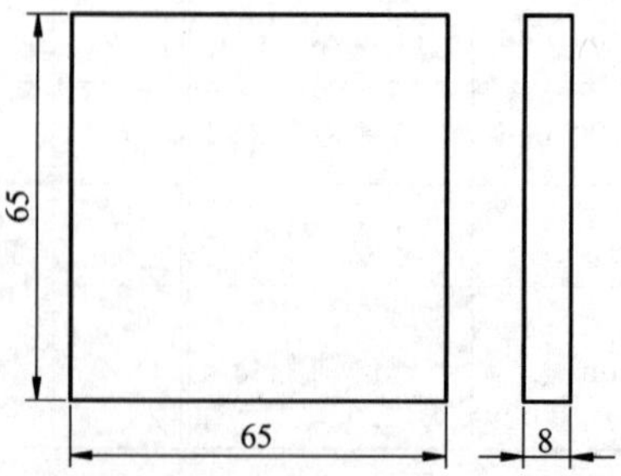

续表 3-9

序号	步骤	图示	操作内容及注意事项
2	加工相邻两基准面	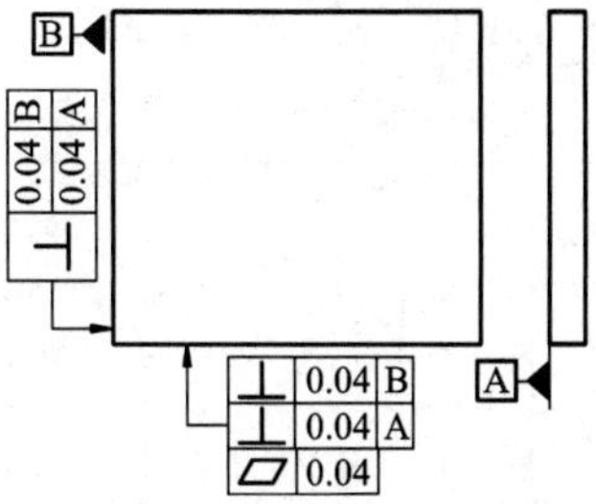	1）保证加工面与大平面、相邻面的垂直度要求 2）保证加工面的直线度与平面度要求
3	划出加工线	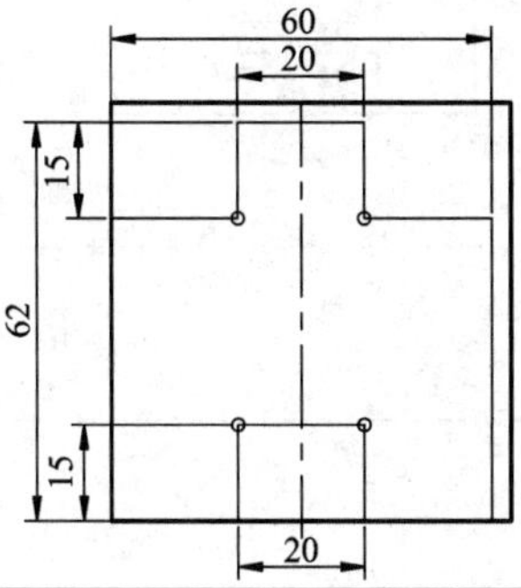	分别以两基准面为基准划出加工轮廓线，以两线交点为中心，打上样冲眼
4	钻孔		钻削直径 2 mm 工艺孔
5	锯削		锯削去除距基准面远端的材料，并保留锉削余量
6	锉削	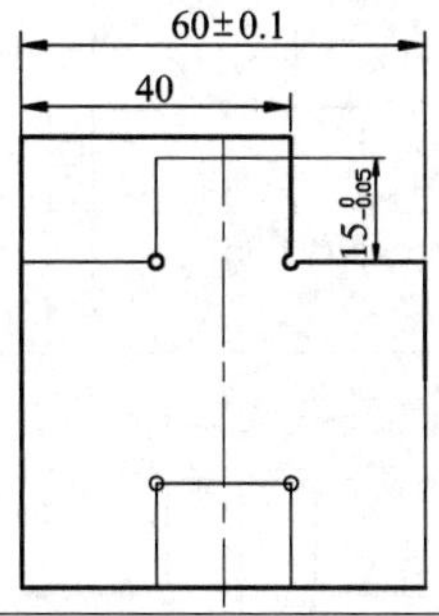	锉削步骤 5 中去除材料后的位置，达到要求尺寸
7	锯削		锯削去除距基准面近端的材料，并保留锉削余量
8	锉削	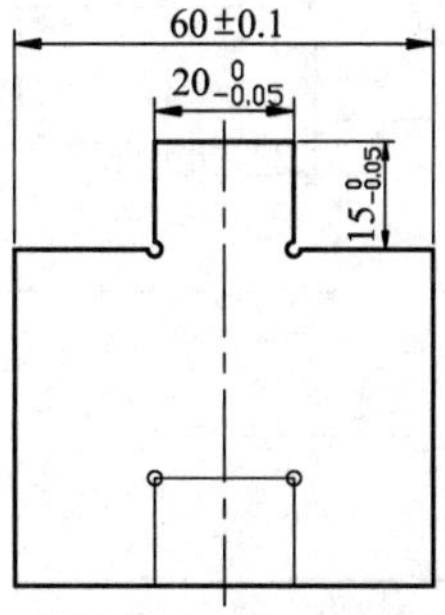	锉削步骤 7 中去除材料后的位置，达到要求尺寸

序号	步骤	图示	操作内容及注意事项
9	定心		定钻排孔中心,注意留足锉削、錾削余量
10	钻排孔	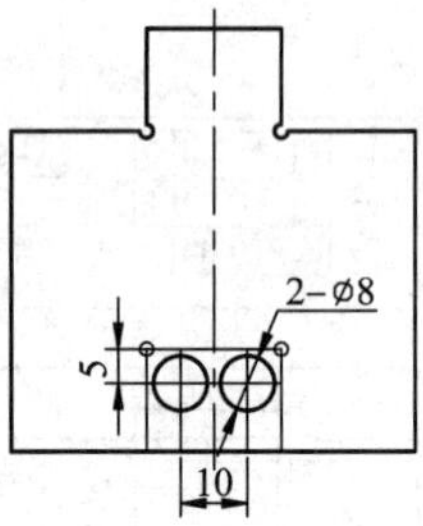	根据钻孔要求,先钻两角处孔,再钻中部孔
11	锯削		沿凹件中部凹形加工边线,锯两条缝,并保留锉削余量
12	錾削		用錾子顶住排孔位置,通过锤击,将多余材料去除
13	锉削	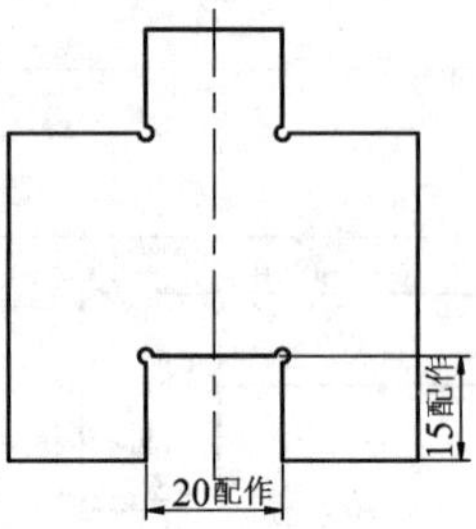	通过配锉的方式将凹形位置锉削至要求尺寸
14	锯削	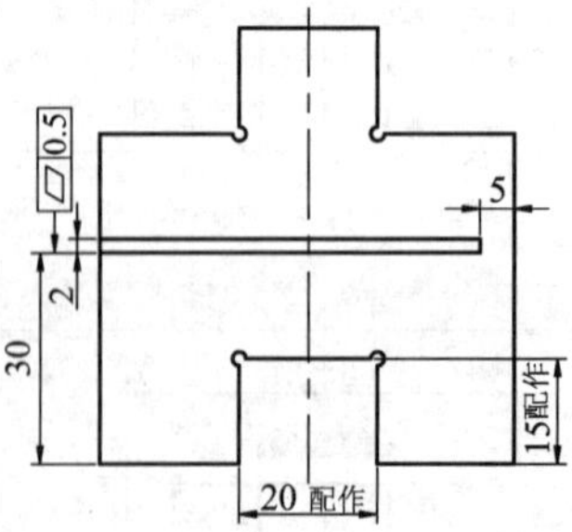	锯削锯缝
15	修整		倒棱,去毛刺
16	交检		根据评分标准进行检查评分

（二）评估反馈（表 3 - 10）

表 3 - 10 制作凸凹件暗配的评分表

考核项目	考核内容	考核要求	配分	评分标准	得分
主要项目	配合间隙	≤0.1 mm	25	每超差 0.01 mm 扣 2 分	
	互换间隙	≤0.1 mm	7	每超差 0.01 mm 扣 1 分	
	尺寸精度	$20_{-0.05}^{0}$ mm	8	每超差 0.01 mm 扣 3 分，超差 0.04 mm 不得分	
	尺寸精度	$15_{-0.05}^{0}$ mm	8	每超差 0.01 mm 扣 3 分，超差 0.04 mm 不得分	
	尺寸精度	(60 ± 0.1) mm	6	每超差 0.01 mm 扣 3 分，超差 0.04 mm 不得分	
	尺寸精度	(62 ± 0.1) mm	8	每超差 0.05 mm 扣 1	
	尺寸精度	2	6	每超差 0.05 mm 扣 1 分	
	对称度	⊜ 0.06 A	10	每超差 0.01 mm 扣 3 分，超差 0.04 mm 不得分	
一般项目	表面粗糙度	Ra3.2	10	大于 Ra3.2 不得分	
	直线度	— 0.5	5	超差不得分	
	尺寸精度	30	6	每超差 0.1 mm 扣 1 分	
其他项目	安全	安全文明生产		不符合要求则从总分扣 1~10 分，发生较大事故者不得分	
	工具设备使用	正确、规范使用工、量、刃具及设备，并做到合理保养		不符合要求则从总分扣 1~5 分	
	其他	操作姿势		不符合要求则从总分扣 1~5 分	
		工艺正确		不符合要求则从总分扣 1~5 分	
工时定额	6 h			超 1 h 以上不得分	

项目3 凸凹件嵌配

一、任务目标

【知识目标】

掌握凸凹件嵌配的制作要领。

【能力目标】

能够按图样要求正确加工零件，达到图纸要求。

二、任务描述

按图 3 – 29 所示要求完成零件制作。

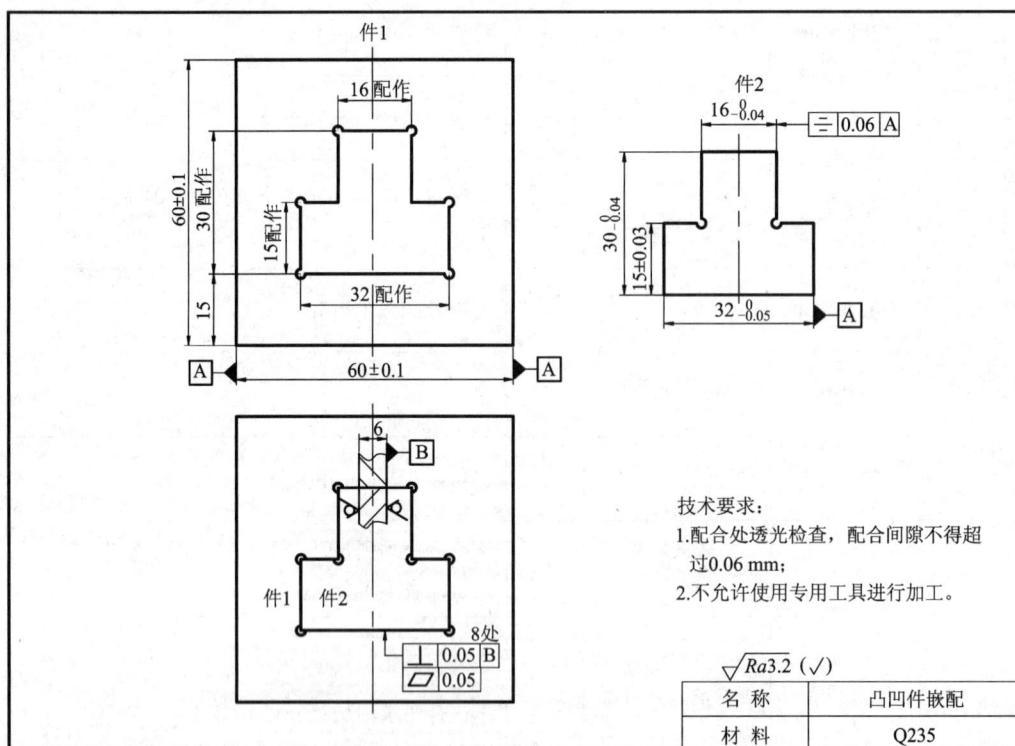

图 3 – 29　凸凹件嵌配零件图

三、任务分析

　　凸凹件嵌配是比较复杂的配合件，包括锯削、锉削、钻削、錾削加工等钳工基本操作技能，本项目重点考核钳工锉配的操作技能，以及孔加工的操作方法与技能。同时对通用量具的使用进行训练。

四、任务实施

（一）工件制作前的准备

1. 材料准备（表 3－11）

表 3－11　制作凸凹件嵌配材料清单

序号	材料名称	规格	数量	备注
1	Q235	62 mm×62 mm×6 mm	1 件	1 件/人
2	Q235	32 mm×35 mm×6 mm	1 件	1 件/人

2. 设备准备（表 3－12）

表 3－12　制作凸凹件嵌配设备清单

序号	名称	规格	数量	序号	名称	规格	数量
1	划线（测量）平板	500 mm×400 mm	1 块/8 人	5	台虎钳	200 mm	1 个/人
2	方箱（靠铁）	100 mm×100 mm	与平板配套	6	钳台		1 工位/人
3	台式钻床	Z512	1 台/8 人	7	砂轮机		1 台
4	平口虎钳（带平行垫铁）	100 mm	与台钻配套				

3. 工具、量具、刃具准备（表 3－13）

表 3－13　制作凸凹件嵌配工、量、刃具清单

序号	名称	规格	精度	数量	序号	名称	规格	精度	数量
1	游标高度尺	0～200 mm	0.02 mm	1 把	14	扁錾	150 mm		1 个
2	游标卡尺	0～150 mm	0.02 mm	1 把	15	锯条	中齿		2 根
3	直角尺	100 mm×63 mm	一级	1 把	16	划规	150 mm		1 个
4	刀口尺	100 mm	一级	1 把	17	划针			1 根
5	钻夹头	ϕ12 mm		1 个	18	钢板尺	200 mm		1 把
6	钻花	ϕ2 mm		1 个	19	样冲			1 个
7	钻花	ϕ6 mm		1 个	20	手锤	0.5 kg		1 个
8	塞尺	0.02～0.5 mm		1 组	21	软钳口			1 副
9	扁锉	300 mm	一号纹	1 把	22	锉刀刷			1 把
10	扁锉	250 mm	三号纹	1 把	23	油漆刷	1 寸～2 寸		1 把
11	扁锉	100 mm	五号纹	1 把	24	油石	自定截面		1～2 块
12	三角锉	150 mm	四号纹	1 把	25	机油煤油			适量
13	锯弓	300 mm		1 把	26	抹布棉纱			适量

（二）工件制作步骤（表 3 - 14）

表 3 - 14　制作凸凹件嵌配的操作步骤

序号	步骤	图示	操作内容及注意事项
1	检查毛坯	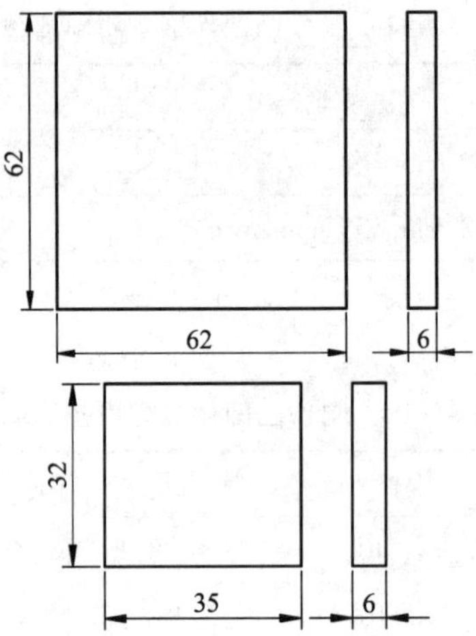	按图示检查毛坯 1）毛坯清理 2）检查毛坯尺寸
2	加工件 2 相邻两基准面	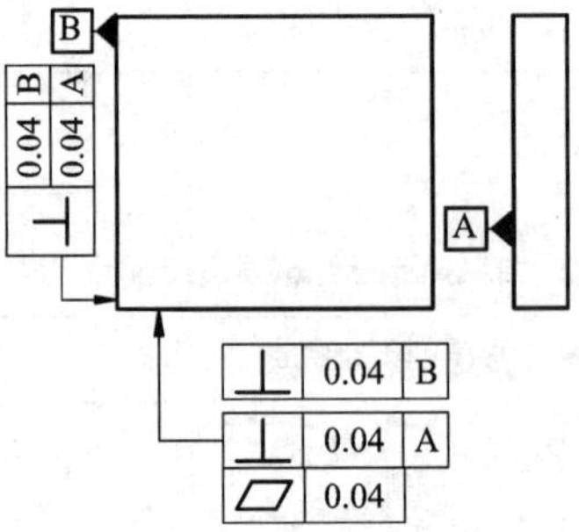	1）保证加工面与大平面、相邻面的垂直度要求 2）保证加工面的直线度与平面度要求
3	划出加工线	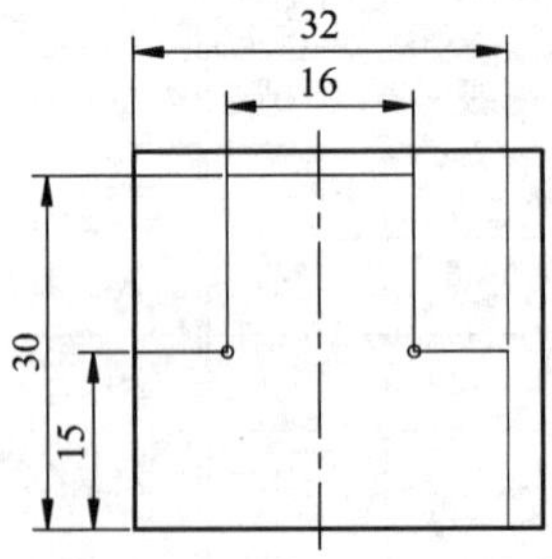	分别以两基准面为基准划出加工轮廓线，以两线交点为中心，打上样冲眼。
4	钻孔		钻削直径 2 mm 工艺孔
5	锯削		锯削去除距基准面远端的材料，并保留锉削余量

74

续表 3 – 14

序号	步骤	图示	操作内容及注意事项
6	锉削	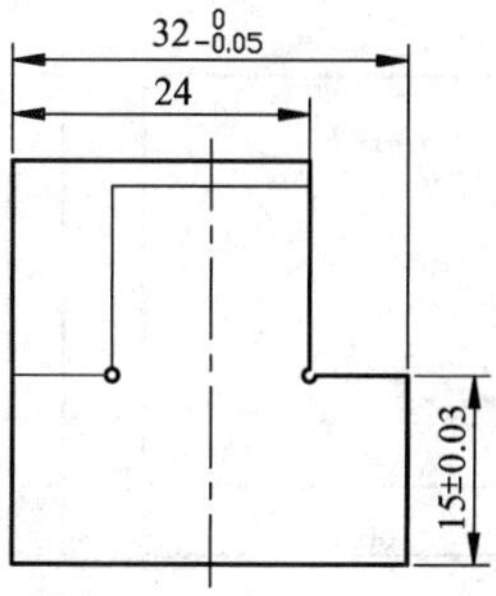	锉削步骤 5 中去除材料后的位置,达到要求尺寸
7	锯削		锯削去除距基准面近端的材料,并保留锉削余量
8	锉削	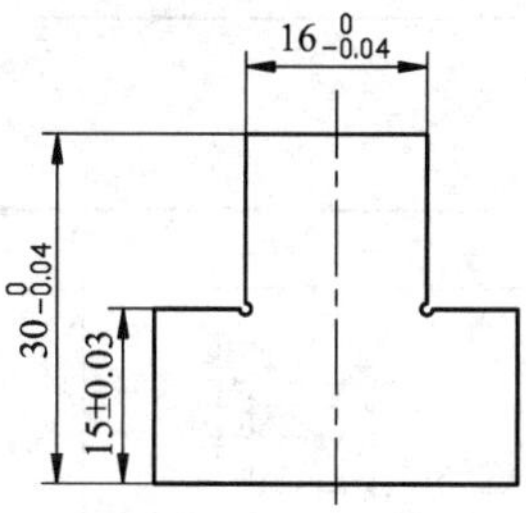	锉削步骤 7 中去除材料后的位置,达到要求尺寸
9	加工件 1 相邻两基准面	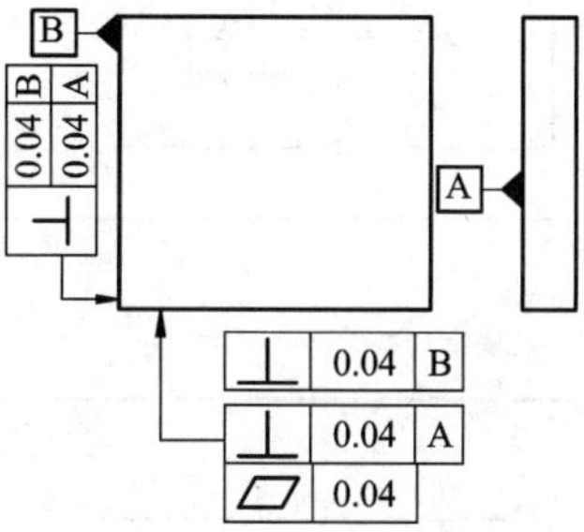	1)保证加工面与大平面、相邻面的垂直度要求 2)保证加工面的直线度与平面度要求
10	划出加工线	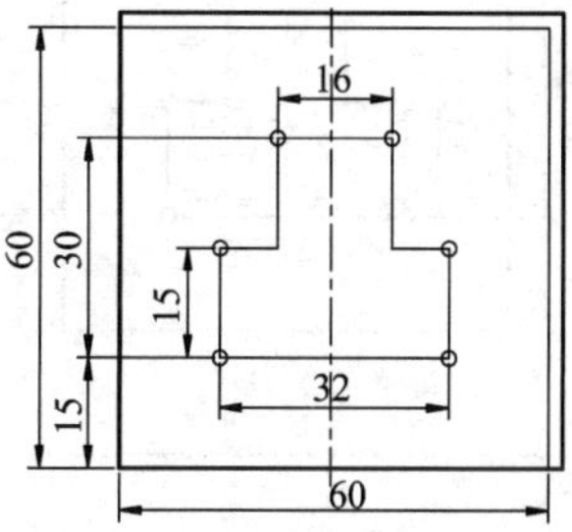	分别以两基准面为基准划出加工轮廓线,以两线交点为中心,打上样冲眼
11	锯削		锯削去除外轮廓多余材料,并保留锉削余量

序号	步骤	图示	操作内容及注意事项
12	锉削	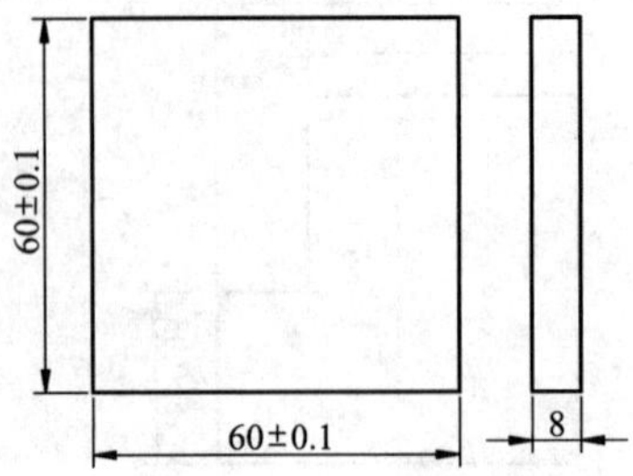	锉削上步中去除材料后的位置，达到要求尺寸
13	定心		定钻排孔及工工艺孔中心，注意留足锉削、錾削余量
14	钻孔		钻削直径 2 mm 工艺孔
15	钻排孔	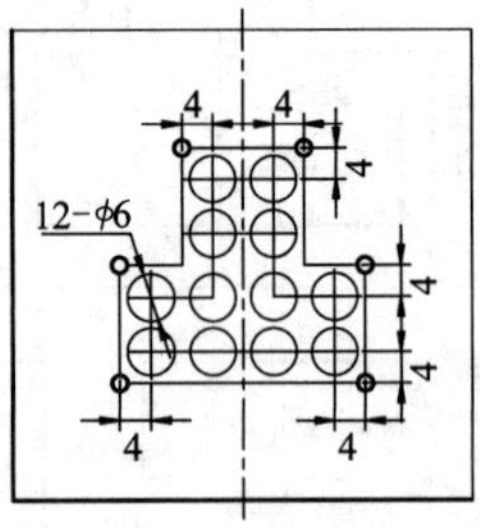	根据钻孔要求，先钻两角处孔，再钻中部孔
16	錾削		用錾子顶住排孔位置，通过锤击，将多余材料去除
17	锉削	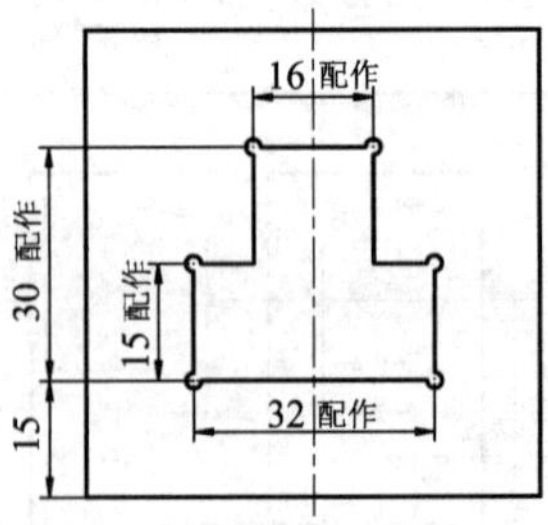	用件 2 配锉，将件 1 中空凹形位置锉削至要求尺寸
18	修整		倒棱，去毛刺
19	交检		根据评分标准进行检查评分

（三）评价反馈（表 3 – 15）

表 3 – 15　制作凸凹件嵌配的评分表

考核项目	考核内容	考核要求	配分	评分标准	得分
主要项目	配合间隙	≤0.06 mm	25	每超差 0.01 mm 扣 2 分	
	互换间隙	≤0.04 mm	8	每超差 0.01 mm 扣 1 分	
	尺寸精度	(15 ± 0.03) mm	8	每超差 0.01 mm 扣 3 分，超差 0.03 mm 不得分	
	尺寸精度	$16_{-0.04}^{0}$ mm	8	每超差 0.01 mm 扣 3 分，超差 0.03 mm 不得分	
	尺寸精度	$32_{-0.05}^{0}$ mm	8	每超差 0.01 mm 扣 3 分，超差 0.03 mm 不得分	
	尺寸精度	$30_{-0.04}^{0}$ mm	8	每超差 0.01 mm 扣 3 分，超差 0.03 mm 不得分	
	表面粗糙度	$Ra3.2$	10	大于 $Ra3.2$ 不得分	
一般项目	平面度	0.05	5	每超差 0.01 mm 扣 0.2 分，超差 0.04 mm 不得分	
	垂直度	0.05	5	每超差 0.01 mm 扣 0.2 分，超差 0.04 mm 不得分	
	对称度	0.06	7	每超差 0.01 mm 扣 0.2 分，超差 0.04 mm 不得分	
	尺寸精度	(60 ± 0.1) mm（2 处）	8	每超差 0.01 mm 扣 3 分，超差 0.05 mm 不得分	
其他项目	安全	安全文明生产		不符合要求则从总分扣 1 ~ 50 分，发生较大事故者不得分	
	工具设备使用	正确、规范使用工、量、刃具及设备，并做到合理保养		不符合要求则从总分扣 1 ~ 10 分	
	其他	操作姿势		不符合要求则从总分扣 1 ~ 5 分	
		工艺正确		不符合要求则从总分扣 1 ~ 5 分	
工时定额	6 h			超 1 h 以上不得分	

模块四
孔加工操作技能训练

项目1 小挖机底盘的制作

任务目标

【知识目标】

1. 能正确计算加工内螺纹底孔直径和加工外螺纹圆杆直径。
2. 熟练掌握攻螺纹和套螺纹的方法。

【能力目标】

1. 能够按照图样要求正确攻螺纹、套螺纹，掌握螺纹加工技能。
2. 能够按图样要求正确加工零件，达到图纸要求。

任务一 底盘的制作

一、任务描述

按图4-1所示要求完成零件制作。

二、相关知识

(一)螺纹加工工具

1. 螺纹加工概述

螺纹作为连接、紧固、传动、调整的一种机构，被广泛应用于各种机械设备、仪器仪表中。螺纹加工包括内螺纹和外螺纹加工。用丝锥在孔中切削加工内螺纹的方法称为攻螺纹。用板牙在圆杆或管子上切削加工外螺纹的方法称为套螺纹。螺纹牙型有多种，钳工只能加工三角螺纹，其他如矩形、梯形等螺纹则需在车床上加工。

2. 丝锥

(1)丝锥的构造。丝锥是加工内螺纹的工具，常用碳素钢或合金钢制成。丝锥由工作部分和柄部组成，如图4-2所示。工作部分包括切削部分和校准部分。

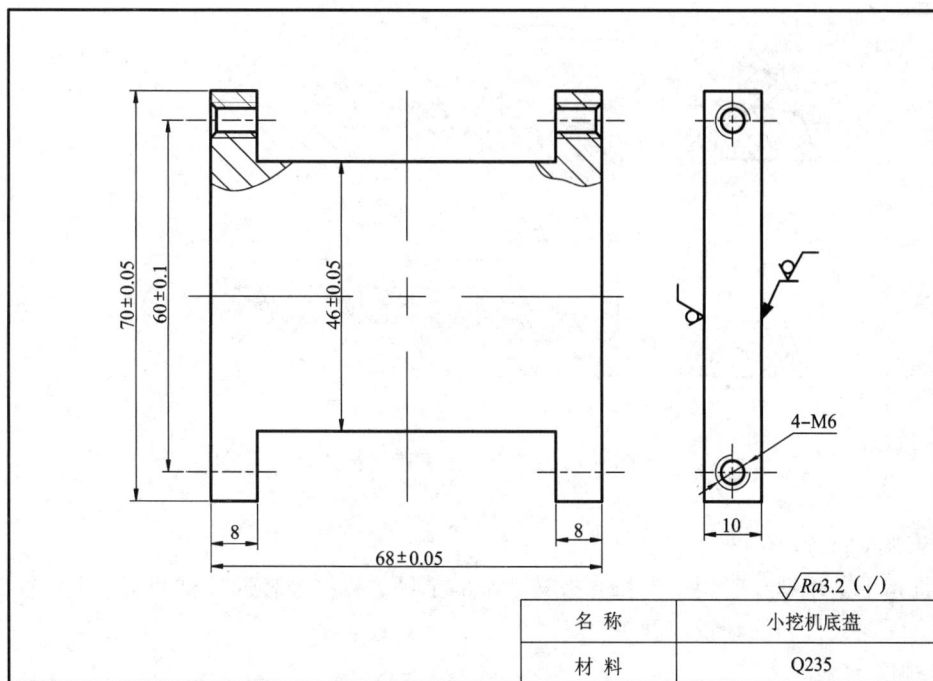

图 4 – 1　小挖机底盘零件图

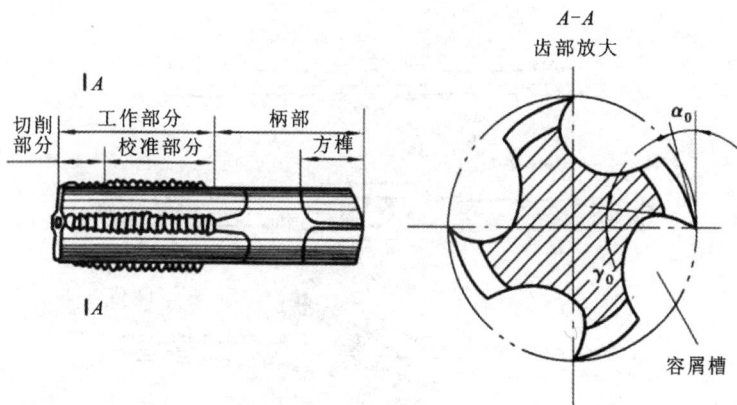

图 4 – 2　丝锥的构造

（2）成套丝锥的切削用量分配

丝锥一般由 2 支或 3 支组成。成套丝锥的切削用量应合理分配，由几支丝锥共同承担。通常 M6 ~ M24 的丝锥每组 2 支，M6 以下和 M24 以上的丝锥每组 3 支，细牙普通螺纹丝锥每组 2 支。

成套丝锥切削用量的分配有两种形式：锥形分配和柱形分配，如图 4 – 3 所示。

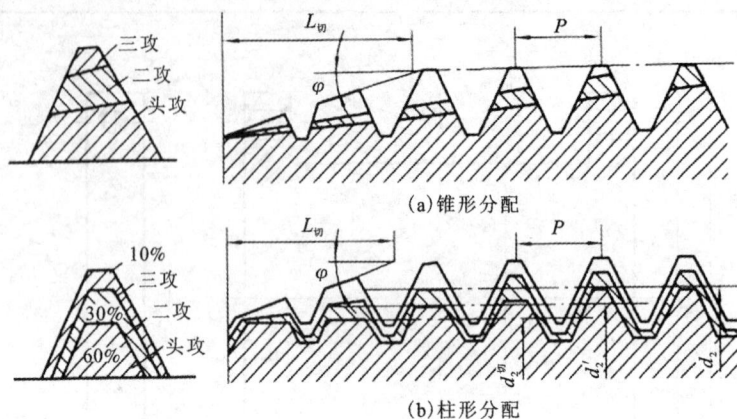

图 4-3 成套丝锥的切削用量分配

3.丝锥铰杠

铰杠是手工攻螺纹时用来夹持和扳转丝锥的工具。铰杠分普通铰杠和丁字形铰杠。普通铰杠又有固定铰杠和活动铰杠两种。

（1）固定铰杠

固定铰杠用于攻 M5 以下的螺纹，如图 4-4(a)所示。

（2）活动铰杠

活动铰杠由于可以调节尺寸，应用较广，如图 4-4(b)所示。

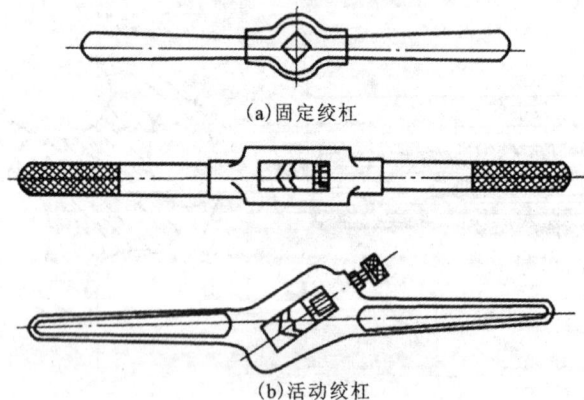

图 4-4 普通铰杠

（3）丁字形铰杠

丁字形铰杠适用于攻凸台、箱体内的螺纹，如图 4-5 所示；可调节丁字形铰杠，用于攻 M6 以下的螺纹，大尺寸的丁字形铰杠一般采用固定式的，通常需要定制。

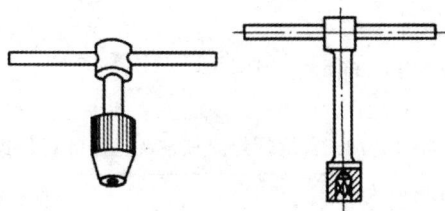

(a)可调节丁字绞杠　　(b)固定丁字绞杠

图4-5　丁字形铰杠

4.板牙

板牙是加工外螺纹的工具,由合金工具钢或高速钢制成,并经淬火硬化。板牙的结构由切削部分、校准部分和排屑孔组成,如图4-6所示。

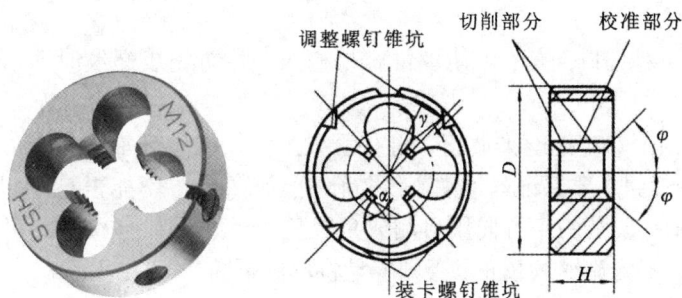

图4-6　板牙

5.板牙铰杠

板牙铰杠的外圆旋有4只紧定螺钉和1只调松螺钉。使用时,紧定螺钉将板牙紧固在铰杠中,并传递套螺纹时的扭矩,如图4-7所示。

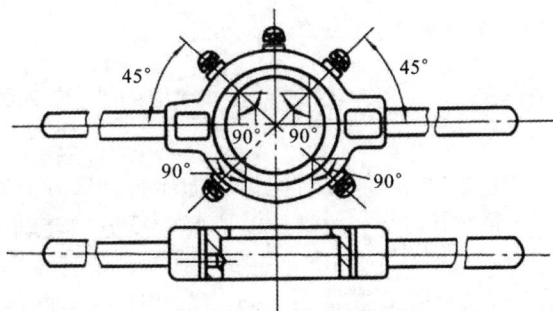

图4-7　板牙铰杠

(二)攻螺纹

1. 攻螺纹前底孔直径的确定

攻螺纹前底孔直径的确定可按表4-1中的公式计算。

表4-1 加工普通螺纹底孔钻头直径计算公式

被加工材料和扩张量	钻头直径计算公式
钢和其他塑性大的材料,扩张量中等	底孔直径=螺纹大径-螺距
铸铁和其他塑性小的材料,扩张量较小	底孔直径=螺纹大径-(1.05~1.1)螺距

2. 攻螺纹前螺孔深度的确定

攻不通孔螺纹时,由于丝锥切削部分不能切出完整的螺纹牙形,所以钻孔深度要大于所需的螺孔深度,一般取:

$$钻孔深度=所需螺孔深度+0.7×螺纹大径$$

3. 攻螺纹的方法

(1)攻螺纹前,对孔口倒角,可使丝锥容易切入,并防止攻螺纹时孔口挤压出凸边或孔口螺纹崩裂。

(2)开始攻螺纹时,应把丝锥放正,用右手掌按住铰杠中部沿丝锥中心线用力加压。此时左手配合作顺向旋进,要保证丝锥中心线与孔中心线重合,不能歪斜,如图4-8所示。当切入工件1~2圈时,要从两个方向用目测或角尺检查,如图4-9所示,并不断校正。当切入工件3~4圈后,不允许继续校正,否则容易将丝锥折断。

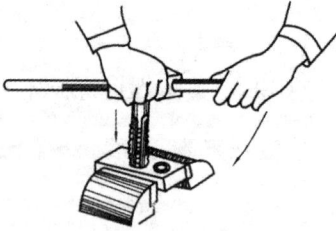

图4-8 起攻方法

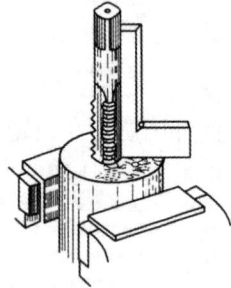

图4-9 螺纹垂直度的检查方法

(3)切削部分全部切入工件时,应停止对丝锥施加压力,只需平稳地转动铰杠,靠螺纹自然旋进。为了避免切屑过长咬住丝锥,攻螺纹时应经常反方向转动1/2圈,使切屑碎断后排出。

(4)攻不通孔螺纹时,要经常退出丝锥,排除孔中的切屑。当将要攻到孔底时,更应及时排出孔底积屑,以免攻到孔底丝锥被卡住。

(5)攻螺纹时,要加切削液,以减少切削阻力,提高螺纹孔的表面质量,延长丝锥的使用寿命。攻螺纹时,切削液的选用见表4-2。

表 4 - 2 攻螺纹时切削液的选用

零件材料	切削液
结构钢、合金钢	乳化液、乳化油
灰铸铁	煤油、乳化液、75%煤油 + 25%植物油
铜合金	机械油、硫化油、煤油 + 矿物油
铝及铝合金	50%煤油 + 50%机械油、85%煤油 + 15%亚麻油、煤油、松节油等

（三）套螺纹

1. 套螺纹前圆杆直径的确定

套螺纹前圆杆直径的确定可用公式计算，即：

$$圆杆直径 \approx 螺纹大径 - 0.13 \times 螺距$$

2. 套螺纹的方法

（1）为了使板牙容易对准工件和切入工件，圆杆端部需倒成 15°～20° 的锥体，锥体的最小直径略小于螺纹小径，如图 4 - 10 所示。

（2）为了防止夹持出现偏斜和夹出痕迹，圆杆应装夹在用硬木制成的 V 形钳口或软金属制成的衬垫中，圆杆伸出钳口部分不要过长，如图 4 - 11 所示。

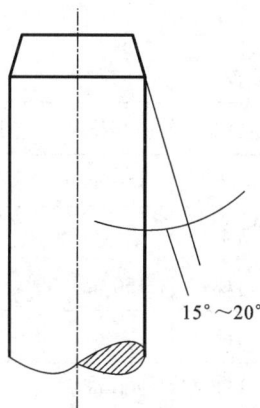

15°～20°

图 4 - 10　圆杆的倒角

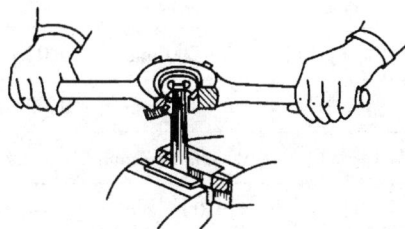

图 4 - 11　圆杆的夹持方法

（3）套螺纹时，应保持板牙端面与圆杆轴线垂直，否则套出的螺纹两面会深浅不一，甚至会烂牙。

（4）在开始套螺纹时，可用手掌按住板牙中心，适当施加压力并转动铰杠。当板牙切入圆杆 1～2 圈时，应检查和校正板牙的位置；当板牙切入圆杆 3～4 圈时，应停止施加压力，靠自然旋进套螺纹。

（5）为了避免因切屑过长而卡住，在套螺纹过程中板牙应经常倒转。钢件上套螺纹时，要加切削液，以延长板牙的使用寿命，减小螺纹的表面粗糙度。

三、任务实施

(一)工件制作前的准备

1. 材料准备(表4-3)

表4-3　制作底盘材料清单

序号	材料名称	规格	数量	备注
1	Q235	72 mm×70 mm×10 mm	1件	1件/人

2. 设备准备(表4-4)

表4-4　制作底盘设备清单

序号	名称	规格	数量	序号	名称	规格	数量
1	划线(测量)平板	500 mm×400 mm	1块/8人	5	钳台	800 mm	1工位/人
2	方箱(靠铁)	100 mm×100 mm	与平板配套	6	台虎钳	200 mm	1个/人
3	台式钻床	Z512	1台/8人	7	砂轮机		1台
4	平口虎钳(带平行垫铁)	100 mm	与台钻配套				

3. 工具、量具、刃具准备(表4-5)

表4-5　制作底盘工、量、刃具清单

序号	名称	规格	精度	数量	序号	名称	规格	精度	数量
1	游标高度尺	0~200 mm	0.02 mm	1把	14	扁錾	150 mm		1个
2	游标卡尺	0~150 mm	0.02 mm	1把	15	锯条	中齿		2根
3	直角尺	100 mm×63 mm	一级	1把	16	划规	150 mm		1个
4	刀口尺	100 mm	一级	1把	17	划针			1根
5	钻夹头	ϕ12 mm		1个	18	钢板尺	200 mm		1把
6	钻花	ϕ4.3 mm、ϕ6 mm		各1	19	样冲			1个
7	丝锥	M6 mm		1个	20	手锤	0.5 kg		1个
8	铰杠	200 mm		1个	21	软钳口			1副
9	扁锉	300 mm	一号纹	1把	22	锉刀刷			1把
10	扁锉	250 mm	三号纹	1把	23	油漆刷	1寸~2寸		1把
11	扁锉	100 mm	五号纹	1把	24	油石	自定截面		1~2块
12	三角锉	150 mm	四号纹	1把	25	机油煤油			适量
13	锯弓	300 mm		1把	26	抹布棉纱			适量

（二）工件制作步骤（表4-6）

表4-6　制作底盘的操作步骤

序号	步骤	图示	操作内容及注意事项
1	检查毛坯	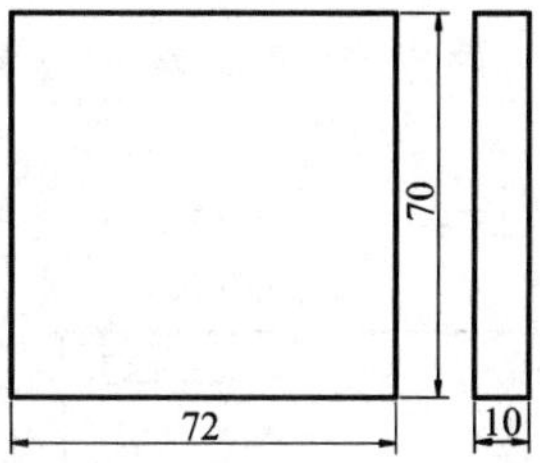	按图示检查毛坯 1）毛坯清理 2）检查毛坯尺寸
2	加工相邻两基准面	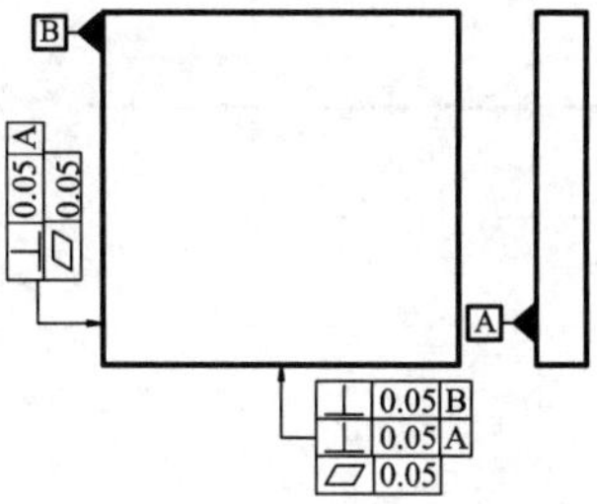	1）保证加工面与大平面、相邻面的垂直度要求 2）保证加工面的直线度与平面度要求
3	划出加工线	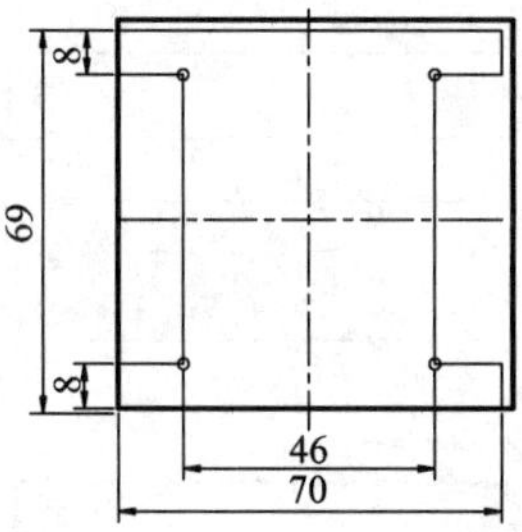	分别以两基准面为基准划出加工轮廓线，以两线交点为中心与钻孔中心，分别打上样冲眼
4	定心		定钻排孔中心，注意留足锉削、錾削余量
5	钻排孔	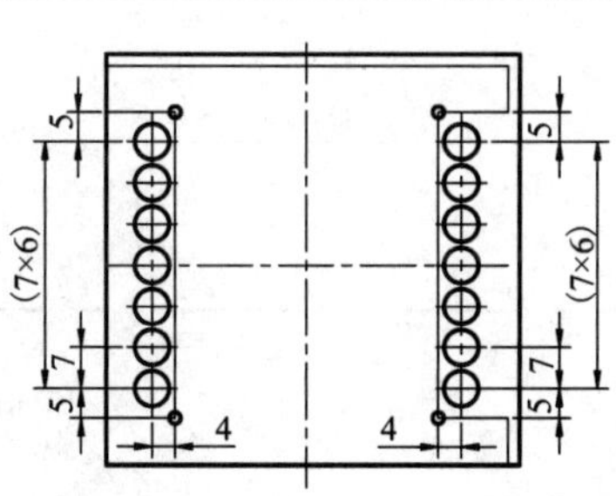	根据钻孔要求，先钻两角处孔，再钻中部孔

序号	步骤	图示	操作内容及注意事项
6	锯削		沿凹件中部凹形加工边线，锯两条缝，并保留锉削余量
7	錾削		用錾子顶住排孔位置，通过锤击，将多余材料去除
8	锉削	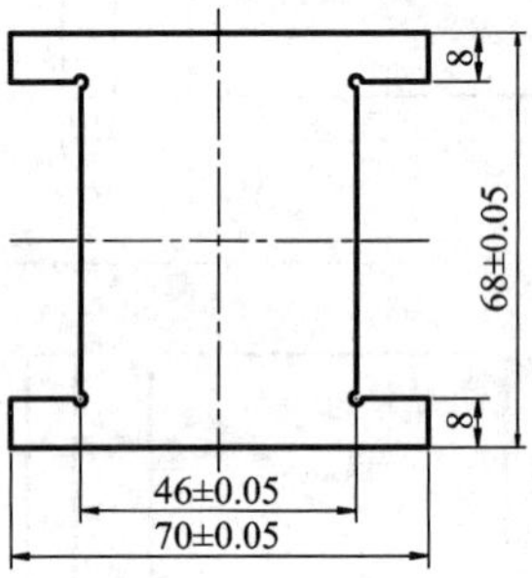	锉削步骤 7 中去除材料后的位置，达到要求尺寸
9	定心		以大平面为基准，划出 M6 的中心，并打好样冲眼
10	钻孔	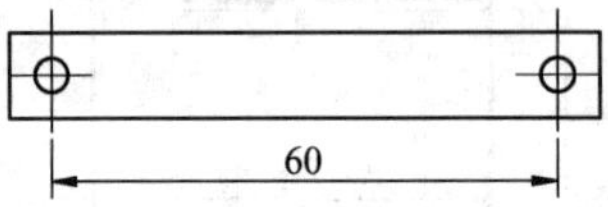	钻出 4 个 ϕ5.2 的底孔
11	攻丝	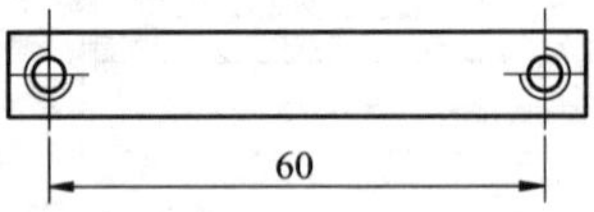	用 M6 丝锥，通过手动攻丝攻出 M6 螺纹
12	修整		倒棱，去毛刺
13	交检		根据评分标准进行检查评分

（三）评价反馈（表4－7）

表4－7　制作底盘的评分表

考核项目	考核内容	考核要求	配分	评分标准	得分
主要项目	尺寸精度	(68 ±0.05)mm	10	每超差0.01 mm扣3分，超差0.03 mm不得分	
	尺寸精度	(70 ±0.05)mm	10	每超差0.01 mm扣3分，超差0.03 mm不得分	
	尺寸精度	(60 ±0.1)mm	15	每超差0.02 mm扣3分，超差0.06 mm不得分	
	尺寸精度	(46 ±0.05)mm	20	每超差0.01 mm扣3分，超差0.03 mm不得分	
	尺寸精度	8 mm	5	每超差0.01 mm扣3分，超差0.03 mm不得分	
一般项目	表面粗糙度	Ra3.2	15	超差不得分	
	尺寸精度	M6	25	每超差0.01 mm扣0.5分，超差0.1 mm不得分	
其他项目	安全	安全文明生产		不符合要求则从总分扣1～50分，发生较大事故者不得分	
	工具设备使用	正确、规范使用工、量、刃具及设备，并做到合理保养		不符合要求则从总分扣1～10分	
	其他	操作姿势		不符合要求则从总分扣1～5分	
		工艺正确		不符合要求则从总分扣1～5分	
工时定额	4 h			超1 h以上不得分	

任务二 履带的制作

一、任务描述

按图 4 – 12 所示要求完成零件制作。

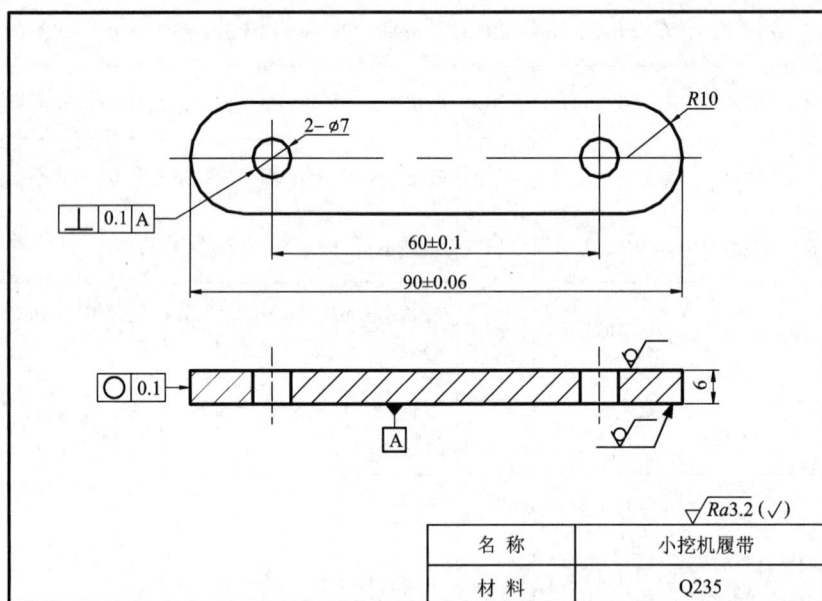

图 4 – 12 小挖机履带零件图

二、任务实施

（一）工件制作前的准备

1. 材料准备（表 4 – 8）

表 4 – 8 制作履带材料清单

序号	材料名称	规格	数量	备注
1	Q235	92 mm × 22 mm × 6 mm	2 件	2 件/人

2.设备准备(表4-9)

表4-9　制作履带设备清单

序号	名称	规格	数量	序号	名称	规格	数量
1	划线(测量)平板	500 mm × 400 mm	1块/8人	5	钳台		1工位/人
2	方箱(靠铁)	100 mm × 100 mm	与平板配套	6	台虎钳	200 mm	1个/人
3	台式钻床	Z512	1台/8人	7	砂轮机		1台
4	平口虎钳(带平行垫铁)	100	与台钻配套				

3.工具、量具、刃具准备(表4-10)

表4-10　制作履带工、量、刃具清单

序号	名称	规格	精度	数量	序号	名称	规格	精度	数量
1	游标高度尺	0~200 mm	0.02 mm	1把	12	锯弓	300 mm		1根
2	游标卡尺	0~150 mm	0.02 mm	1把	13	锯条	中齿		2根
3	直角尺	100 mm × 63 mm	一级	1把	14	划规	150 mm		1个
4	刀口尺	100 mm	一级	1把	15	划针			1根
5	钻夹头	ϕ12 mm		1个	16	钢板尺	200 mm		1把
6	钻花	ϕ7 mm		各1	17	样冲			1个
7	机油煤油			适量	18	手锤	0.5 kg		1个
8	抹布棉纱			适量	19	软钳口			1副
9	扁锉	300 mm	一号纹	1把	20	锉刀刷			1把
10	扁锉	250 mm	三号纹	1把	21	油漆刷	1寸~2寸		1把
11	扁锉	100 mm	五号纹	1把					

（二）工件制作步骤（表 4 – 11）

表 4 – 11　制作履带的操作步骤

序号	步骤	图示	操作内容及注意事项
1	检查毛坯	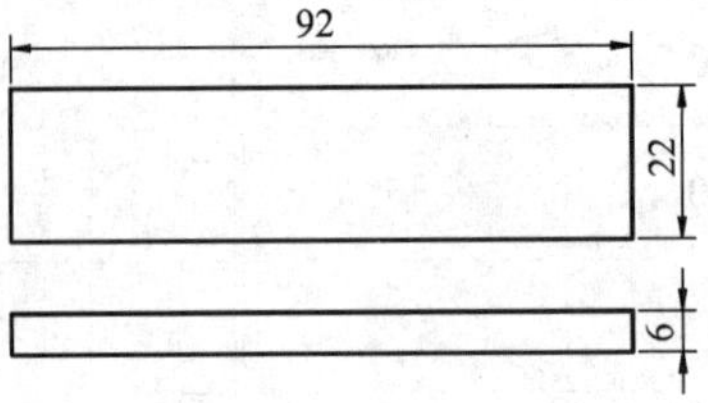	按图示检查毛坯 1）毛坯清理 2）检查毛坯尺寸
2	加工相邻两基准面	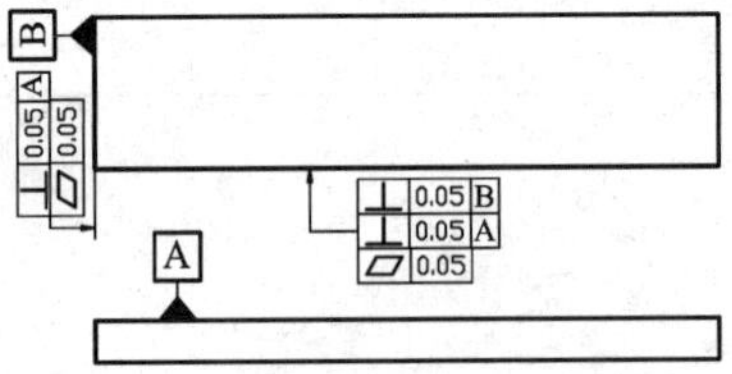	1）加工相邻两基准面，保证加工面与大平面、相邻面的垂直度要求 2）保证加工面的直线度与平面度要求
3	划出加工线	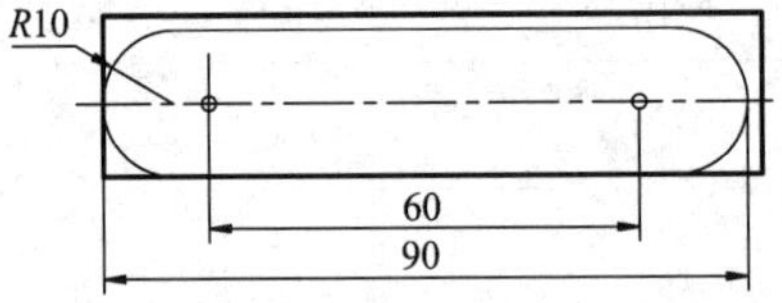	以两基准面为基准，划出加工轮廓线，划出 $\phi7$ 的中心，打上样冲眼，并用划规划出 R10 边界线。
4	钻孔	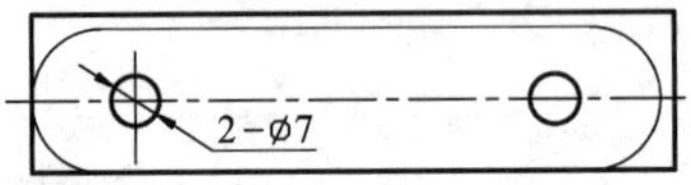	与底盘配钻，钻出 2 – $\phi7$ 的通孔。
5	锯削		锯削去除多余材料，保留锉削余量
6	锉削		锉削宽度尺寸 20 mm，至图纸要求
7	锉削	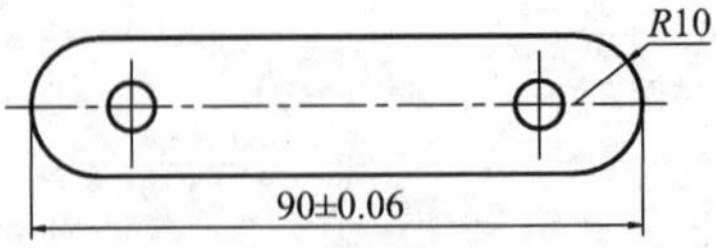	用滚锉法锉削圆弧，锉至要求尺寸
8	修整		倒棱，去毛刺
9	交检		根据评分标准进行检查评分

90

（三）评价反馈（表4-12）

表4-12 制作履带的评分表

考核项目	考核内容	考核要求	配分	评分标准	得分
主要项目	尺寸精度	(90 ± 0.06) mm	15	每超差0.01 mm扣3分，超差0.04 mm不得分	
	尺寸精度	(60 ± 0.1) mm	20	每超差0.01 mm扣3分，超差0.06 mm不得分	
	尺寸精度	$\phi 7$（2处）	20	每超差0.01 mm扣3分，超差0.03 mm不得分	
一般项目	垂直度	⊥ 0.1 A	10	每超差0.01 mm扣1分，超差0.06 mm不得分	
	表面粗糙度	$Ra3.2$	15	超差不得分	
	圆弧	$R10$（2处）	20	每超差0.01 mm扣0.5分，超差0.1 mm不得分	
其他项目	安全	安全文明生产		不符合要求则从总分扣1~50分，发生较大事故者不得分	
	工具设备使用	正确、规范使用工、量、刃具及设备，并做到合理保养		不符合要求则从总分扣1-10分	
	其他	操作姿势		不符合要求则从总分扣1~5分	
		工艺正确		不符合要求则从总分扣1~5分	
工时定额	2 h			超0.5 h以上不得分	

项目2　小挖机车身的制作

一、任务目标

【知识目标】

1. 明确扩孔与锪孔的作用，并掌握扩孔与锪孔基本操作要领。
2. 掌握扩孔、锪孔常用工具的使用方法。

【能力目标】

1. 能够按照图样要求正确加工精孔。
2. 能够按图样要求正确加工零件，达到图纸要求。

任务一　车身的制作

一、任务描述

按图4－13所示要求完成零件制作。

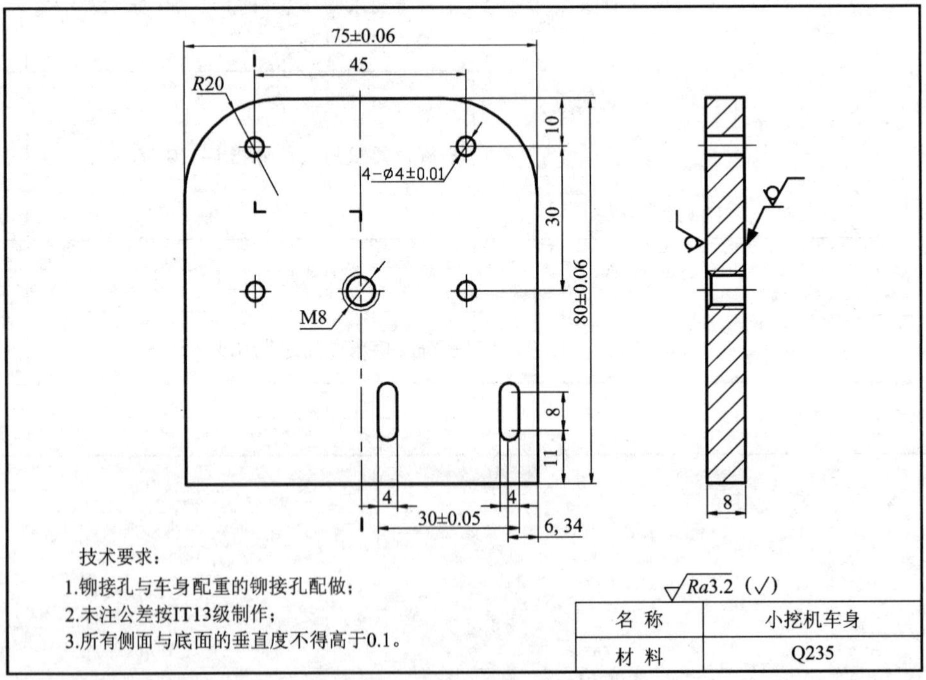

75±0.06
45
R20
10
4-Ø4±0.01
30
M8
80±0.06
8
11
4
4
30±0.05
6, 34
8
Ra3.2 (√)
技术要求：
1.铆接孔与车身配重的铆接孔配做；
2.未注公差按IT13级制作；
3.所有侧面与底面的垂直度不得高于0.1。
名 称
小挖机车身
材 料
Q235

图4－13　小挖机车身零件图

二、相关知识

（一）扩孔与锪孔

1. 扩孔

扩孔是用扩孔钻或麻花钻等工具扩大孔径的方法，如图 4 - 14 所示。扩孔的质量比钻孔高，常作为孔的半精加工，也普遍用于铰孔前的预加工。

常用的扩孔方法有用标准麻花钻扩孔和用扩孔钻扩孔两种。

（1）用标准麻花钻扩孔

标准麻花钻外缘处前角较大，易出现扎刀现象，因此应适当磨小钻头外缘处前角，并适当控制进给量。用标准麻花钻扩孔，扩孔前的钻孔直径为 0.5 ~ 0.7 倍的要求孔径。

（2）用扩孔钻扩孔

扩孔钻工作部分的结构，如图 4 - 15 所示。扩孔钻齿数较多、导向性好，钻心粗、刚性好，切削平稳，使用扩孔钻扩孔，生产效率高，加工质量好，多用于批量生产。用扩孔钻扩孔，扩孔前的钻孔直径为 0.9 倍的要求孔径。

注意：钻孔后最好不要移动工件，否则容易造成扩孔后的孔中心与钻孔时的中心线不能重合。

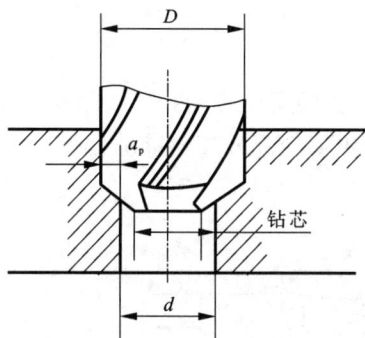

图 4 - 14　扩孔

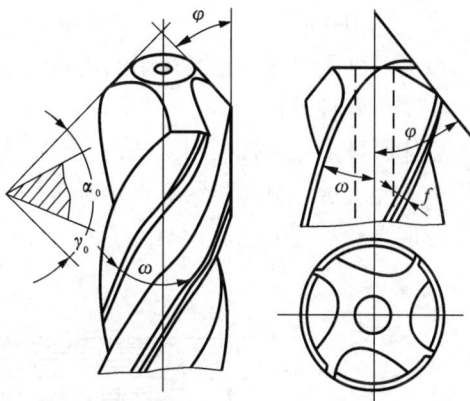

图 4 - 15　扩孔钻的工作部分

2. 锪孔

锪孔是指用锪钻在已加工的孔上加工圆柱形沉头孔、锥形沉头孔和凸台端面等的一种加工方法。锪孔的目的是为了保证孔与连接件具有正确的位置，连接更合理、更可靠。锪钻的种类有三种：柱形锪钻、锥形锪钻、端面锪钻，如图 4 - 16 所示。

为了避免振痕，锪孔时进给量为钻孔的 2 ~ 3 倍，切削速度为钻孔时的 1/3 ~ 1/2。用麻花钻改磨锪钻时，应尽量选较短的钻头，并修磨外缘处的前角，避免出现扎刀现象。锪钻钢件时，要对导柱和切削表面进行润滑。

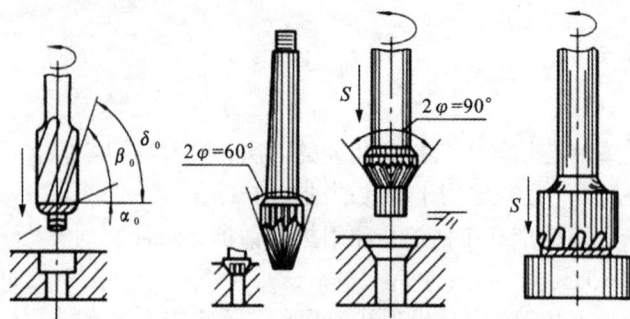

图 4 – 16　锪钻种类及应用

3. 铰孔

（1）铰孔概述

铰孔是用铰刀对已经粗加工或半精加工的孔进行精加工的一种切削加工方法。由于铰刀的齿数较多，所以切削阻力小、导向性好、加工精度高，一般粗铰孔尺寸精度可达 IT8 ~ IT7 级，表面粗糙度 Ra 为 1.6 ~ 0.8 μm；精铰孔尺寸精度可达 IT7 ~ IT6 级，表面粗糙为 0.8 ~ 0.4 μm。

（2）铰刀的种类

铰刀的种类很多，钳工常用的铰刀有以下几种。

①整体圆柱形铰刀。

整体圆柱形铰刀按使用方法的不同，分为手用铰刀和机用铰刀两种，如图 4 – 17 所示。铰刀由工作部分、颈部和柄部三个部分组成，工作部分由切削部分和校准部分组成。适用于铰削标准直径系列的孔。

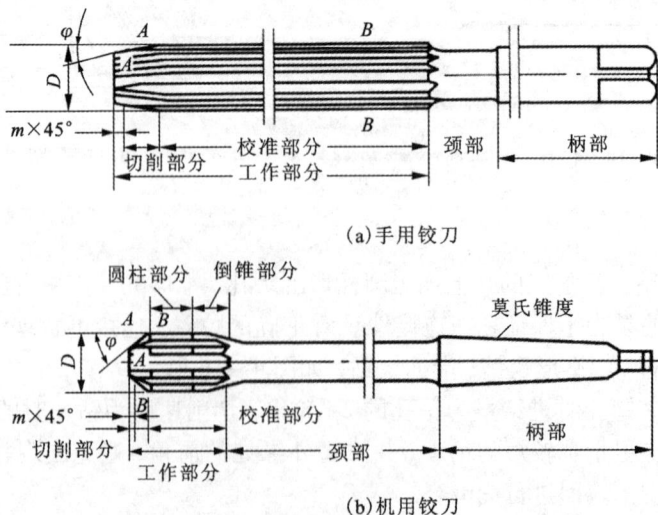

（a）手用铰刀

（b）机用铰刀

图 4 – 17　整体圆柱铰刀

94

②螺旋槽手用铰刀。

螺旋槽手用铰刀适用于铰削带键槽孔，如图4-18所示。其螺旋槽方向为左旋，能避免铰削时铰刀的自动旋进。使用螺旋槽手用铰刀铰孔，铰削阻力沿圆周均匀分布，铰削平稳，孔壁光滑。

③锥铰刀。

锥铰刀用于铰削圆锥形孔。一般一套有2~3把刀，其中一把是精铰刀，其余是粗铰刀。粗铰刀的刀刃上开有呈螺旋形分布的分屑槽，以减轻铰削负荷，如图4-19所示。

图4-18　螺旋槽手用铰刀

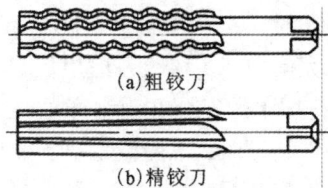

(a)粗铰刀

(b)精铰刀

图4-19　锥铰刀

④可调节的手铰刀

刀体上开有斜底直槽，将具有同样斜度的刀片嵌在槽内，通过调节螺母，使刀片沿斜底直槽移动，即可改变铰刀直径，如图4-20所示。多用于单件生产和修配工作中需要铰削的非标准孔。

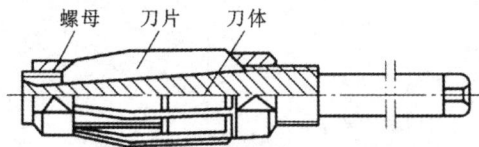

螺母　刀片　刀体

图4-20　可调节的手铰刀

(3)铰削用量的选择

铰削用量包括铰削余量、切削速度和进给量。铰削用量的选择是否正确、合理，直接影响到铰削质量。

(4)铰孔方法

①手工铰孔。

起铰时，用右手通过孔的轴心线施加进刀压力，左手转动铰杠。

在铰削过程中，两手用力要均匀、平稳，以免形成喇叭口或使孔径扩大。进给时，要随着铰刀的旋转轻轻加压，以获得较好的表面粗糙度。

每次铰削的停歇位置应改变，以避免常在同一处停歇而造成振痕。

铰刀只能顺转(包括退刀)，因为反转会使切屑卡在孔壁和刀齿的后刀面之间而将孔壁刮毛，又易使铰刀磨损，甚至崩刃。

铰削锥孔时，应经常用相配的锥销检查铰孔尺寸，当锥销能自动插入其全长的80%~85%时，应停止铰削。

在铰削过程中，应经常清除切屑，防止孔壁拉毛。如果铰刀被卡住，不能猛力扳转铰杠，应及时取出铰刀，清除切屑和检查铰刀。继续铰削时，应缓慢进给，以防在原处再次卡住。

铰刀使用完毕，要擦净，并涂上机油。放置时要注意保护好刀刃，以防碰撞而损坏。

②机动铰孔。

机动铰孔时，应尽量使工件在一次装夹过程中完成钻孔、扩孔、铰孔的各个工序，以保证铰孔中心与孔中心一致。

开始铰孔时，可采用手动进给，当铰刀进入孔内 2~3 mm 后，改用机动进给。

铰削过程中，应保证充足的冷却润滑液。

铰通孔时，铰刀的校准部分不能全部出头，以防孔的下端被刮坏。

铰孔完毕后，要在铰刀退出后再停车，否则孔缝会留有刀痕。

(5)孔加工的安全文明生产

①操作钻床时，不能戴手套，袖口要扎紧。女工必须戴工作帽，头发必须盘入工作帽内。

②工件安装要牢固可靠，孔将钻穿时要减小进给力，以防钻头卡住或扭断。

③钻床工作台不能摆放其他工具或量具，开动钻床前要取下钻夹头钥匙。

④不可用嘴吹铁屑，不可用棉纱或手清除切屑，必须用毛刷或铁钩清除切屑。

⑤不可用手或身体接触钻床旋转着的部位。

⑥禁止在钻床旋转状态下装卸工件、检查工件或变换主轴转速。

⑦扫钻床或加注润滑油时，必须切断电源。

⑧铰孔时，不要用力太猛，以免造成崩刃或拉毛工件，甚至扳断铰刀。

三、任务实施

(一)工件制作前的准备

1.材料准备(表 4-13)

表 4-13　制作车身材料清单

序号	材料名称	规格	数量	备注
1	Q235	62 mm×62 mm×8 mm	1 件	1 件/人

2.设备准备(表 4-14)

表 4-14　制作车身设备清单

序号	名称	规格	数量	序号	名称	规格	数量
1	划线(测量)平板	500 mm×400 mm	1 块/8 人	5	钳台		1 工位/人
2	方箱(靠铁)	100 mm×100 mm	与平板配套	6	台虎钳	200 mm	1 个/人
3	台式钻床	Z512	1 台/8 人	7	砂轮机		1 台
4	平口虎钳(带平行垫铁)	100 mm	与台钻配套				

3. 工具、量具、刃具准备(表4-15)

表4-15 制作车身工、量、刃具清单

序号	名称	规格	精度	数量	序号	名称	规格	精度	数量
1	游标高度尺	0~200 mm	0.02 mm	1把	14	扁錾	150 mm		1个
2	游标卡尺	0~150 mm	0.02 mm	1把	15	锯条	中齿		2根
3	直角尺	100 mm×63 mm	一级	1把	16	划规	150 mm		1个
4	刀口尺	100 mm	一级	1把	17	划针			1根
5	钻夹头	φ12 mm		1个	18	钢板尺	200 mm		1把
6	钻花	φ4 mm		1个	19	样冲			1个
7	钻花	φ6.8 mm		1个	20	手锤	0.5 kg		1个
8	半径规	15.5~25.5 mm		1个	21	软钳口	200 mm		1副
9	扁锉	300 mm	一号纹	1把	22	锉刀刷			1把
10	扁锉	250 mm	三号纹	1把	23	油漆刷	1寸~2寸		1把
11	扁锉	100 mm	五号纹	1把	24	铰杠	200 mm		1个
12	丝锥	M8 mm		1个	25	机油煤油			适量
13	锯弓	300 mm		1把	26	抹布棉纱			适量

(二)工件制作步骤(表4-16)

表4-16 制作车身的操作步骤

序号	步骤	图示	操作内容及注意事项
1	检查毛坯	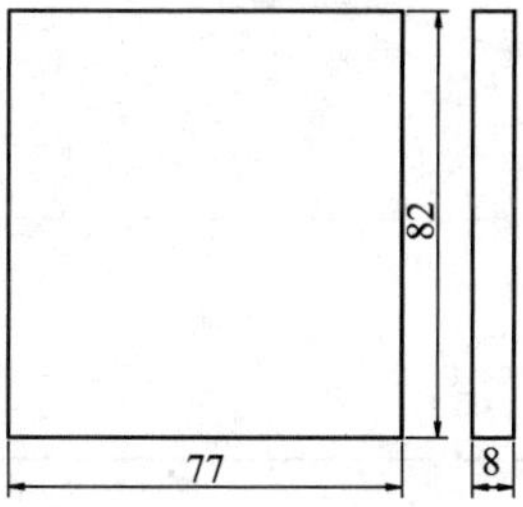	按图示检查毛坯 1)毛坯清理 2)检查毛坯尺寸

序号	步骤	图示	操作内容及注意事项
2	加工相邻两基准面	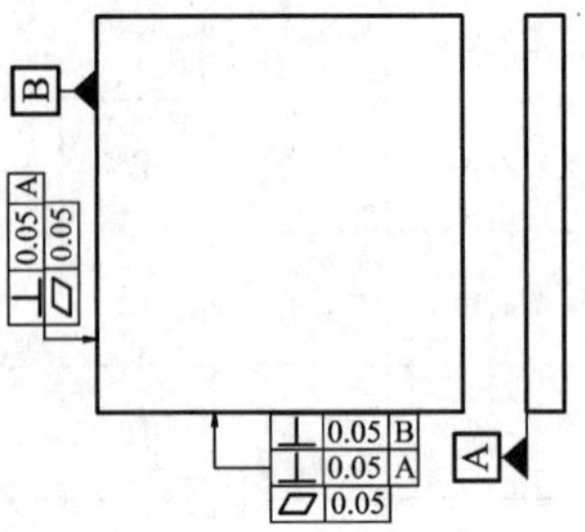	1）保证加工面与大平面、相邻面的垂直度要求 2）保证加工面的直线度与平面度要求
3	划出加工线	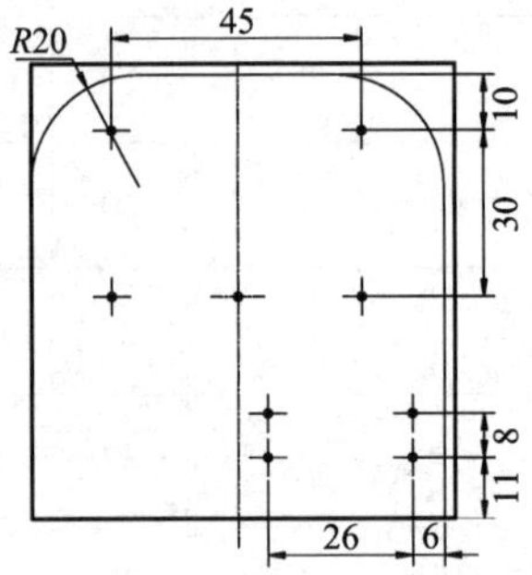	分别以两基准面为基准划出加工轮廓线，以两线交点为钻孔中心，分别打上样冲眼
4	钻孔	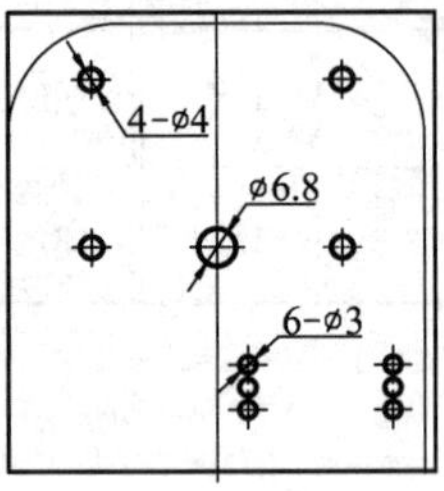	依次钻出 4 个 $\phi4$ mm，1 个 $\phi6.8$ mm，双 D 形孔位置的排孔
5	錾削		去除双 D 形孔内多余材料
6	锯削		锯削去除圆弧处多余材料，保留锉削余量
7	锉削		锉削尺寸 75、80 mm 至图纸要求

98

续表 4 – 16

序号	步骤	图示	操作内容及注意事项
8	锉削	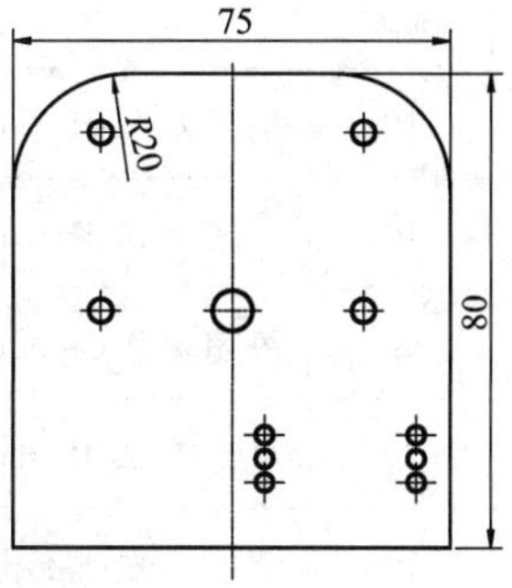	用滚锉法锉削圆弧,锉至要求尺寸
9	锉削	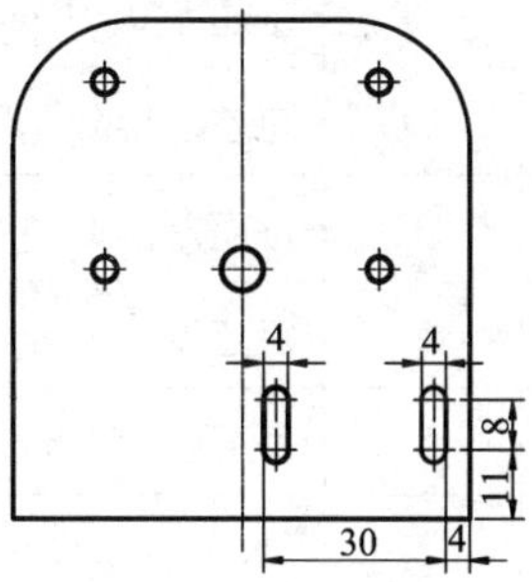	锉削双 D 形孔内壁,达到尺寸要求
10	攻丝	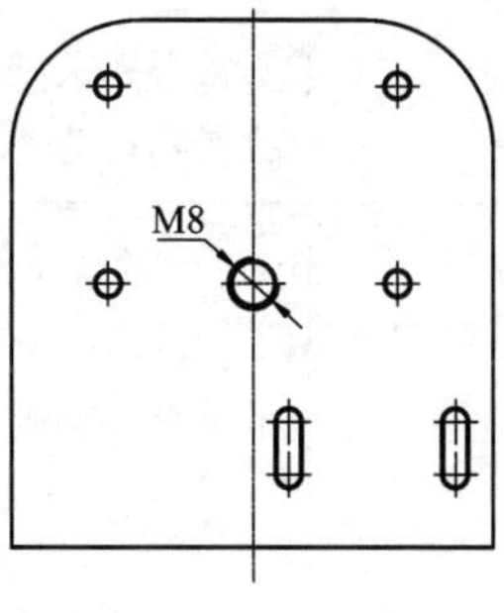	用 M8 丝锥,通过手动攻丝攻出 M8 螺纹
11	修整		倒棱,去毛刺
12	交检		根据评分标准进行检查评分

（三）评价反馈（表4－17）

表4－17　制作车身的评分表

考核项目	考核内容	考核要求	配分	评分标准	得分
主要项目	尺寸精度	(80±0.06)mm	10	每超差0.01 mm扣3分，超差0.03 mm不得分	
	尺寸精度	(75±0.06)mm	10	每超差0.01 mm扣3分，超差0.03 mm不得分	
	尺寸精度	(30±0.05)mm	8	每超差0.01 mm扣3分，超差0.03 mm不得分	
	尺寸精度	M8	10	每超差0.01 mm扣3分，超差0.03 mm不得分	
	圆弧	$R20$	10	圆弧不光滑不得分	
	尺寸精度	$\phi(4\pm0.01)$（4处）	12	每超差0.005 mm扣3分，超差0.01 mm不得分	
一般项目	垂直度	0.1 mm	10	每超差0.01 mm扣0.5分	
	表面粗糙度	$Ra3.2$	10	超差不得分	
	尺寸精度	4 mm	3	每超差0.1 mm扣1分	
	尺寸精度	11 mm	3	每超差0.1 mm扣1分	
	尺寸精度	8 mm	3	每超差0.1 mm扣1分	
	尺寸精度	30 mm	5	每超差0.2 mm扣1分	
	尺寸精度	45 mm	3	每超差0.3 mm扣1分	
	尺寸精度	10 mm	3	每超差0.1 mm扣1分	
其他项目	安全	安全文明生产		不符合要求则从总分扣1~50分，发生较大事故者不得分	
	工具设备使用	正确、规范使用工、量、刃具及设备，并做到合理保养		不符合要求则从总分扣1~10分	
	其他	操作姿势		不符合要求则从总分扣1~5分	
		工艺正确		不符合要求则从总分扣1~5分	
工时定额	4 h			超1 h以上不得分	

100

任务二 回转支撑的制作

一、任务描述

按图 4 - 21 所示要求完成零件制作。

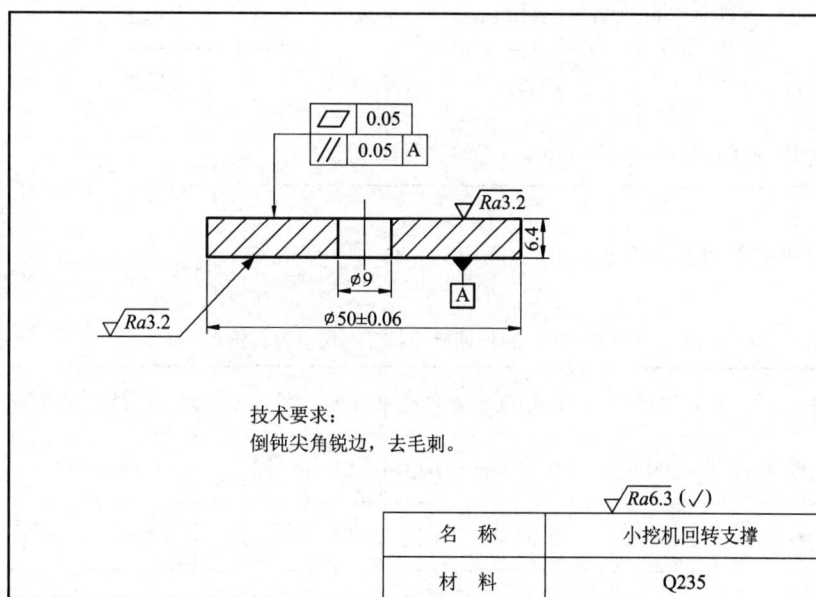

技术要求：
倒钝尖角锐边，去毛刺。

$\sqrt{Ra6.3}$ (√)

名　称	小挖机回转支撑
材　料	Q235

图 4 - 21 小挖机回转支撑的零件图

二、任务实施

(一)工件制作前的准备

1. 材料准备(表 4 - 18)

表 4 - 18 制作回转支撑材料清单

序号	材料名称	规格	数量	备注
1	Q235	52 mm × 52 mm × 6 mm	1 件	1 件/人

2. 设备准备(表4-19)

表4-19　制作回转支撑设备清单

序号	名称	规格	数量	序号	名称	规格	数量
1	划线(测量)平板	500 mm×400 mm	1块/8人	5	钳台		1工位/人
2	方箱(靠铁)	100 mm×100 mm	与平板配套	6	台虎钳	200 mm	1个/人
3	台式钻床	Z512	1台/8人	7	砂轮机		1台
4	平口虎钳(带平行垫铁)	100 mm	与台钻配套				

3. 工具、量具、刃具准备(表4-20)

表4-20　制作回转支撑工、量、刃具清单

序号	名称	规格	精度	数量	序号	名称	规格	精度	数量
1	游标高度尺	0~200 mm	0.02 mm	1把	13	锯弓	300 mm		1把
2	游标卡尺	0~150 mm	0.02 mm	1把	14	锯条	中齿		2根
3	直角尺	100 mm×63 mm	一级	1把	15	划规	150 mm		1个
4	刀口尺	100 mm	一级	1把	16	划针			1根
5	钻夹头	ϕ12 mm		1个	17	钢板尺	200 mm		1把
6	钻花	ϕ9 mm		1个	18	软钳口	200 mm		1副
7	手锤	0.5 kg		1个	19	锉刀刷			1把
8	半径规	15.5~25.5 mm		1个	20	油漆刷	1寸~2寸		1把
9	扁锉	300 mm	一号纹	1把	21	铰杠	200 mm		1个
10	扁锉	250 mm	三号纹	1把	22	机油煤油			适量
11	扁锉	100 mm	五号纹	1把	23	抹布棉纱			适量
12	样冲			1个					

（二）工件制作步骤（表 4 - 21）

表 4 - 21 制作回转支撑的操作步骤

序号	步骤	图示	操作内容及注意事项
1	检查毛坯		按图示检查毛坯
			1）毛坯清理 2）检查毛坯尺寸
2	划出加工线	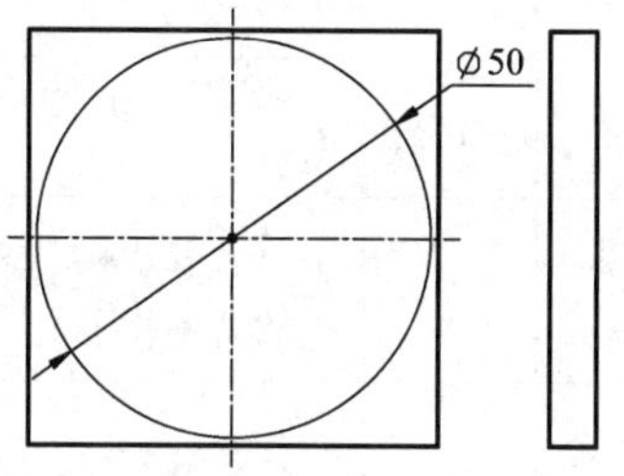	使用高度游标卡尺找到毛坯的中心，打上样冲眼，并用划规划出 φ50 mm 边界线
3	钻孔	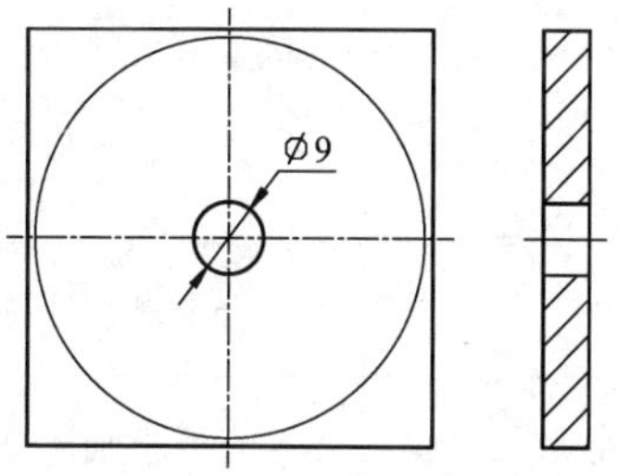	利用台钻，钻出 φ9 mm 的通孔
4	锯削		锯削去除多余材料，要保留锉削余量
5	锉削	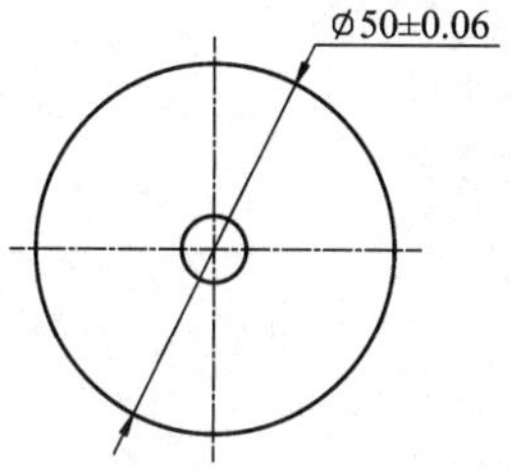	用滚锉法锉削圆弧，锉至图纸要求尺寸
6	修整		倒棱，去毛刺
7	交检		根据评分标准进行检查评分

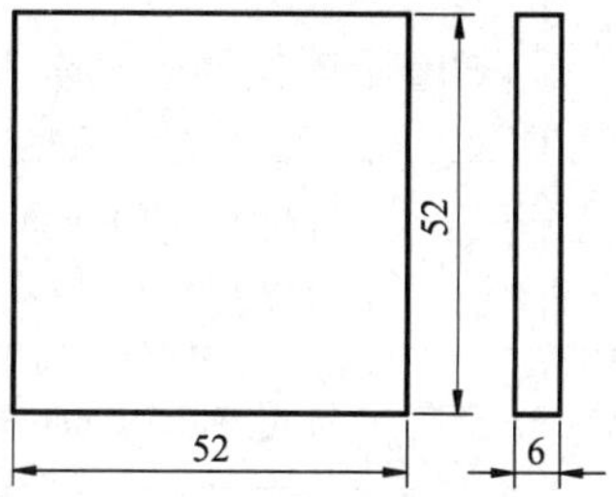

(三)评价反馈(表 4 – 22)

表 4 – 22   制作回转支撑的评分表

考核项目	考核内容	考核要求	配分	评分标准	得分
主要项目	尺寸精度	$\phi(50 \pm 0.06)$ mm	30	每超差 0.01 mm 扣 3 分	
	尺寸精度	$\phi 9$ mm	20	每超差 0.01 mm 扣 3 分,超差 0.03 mm 不得分	
一般项目	平面度	0.05 mm	20	每超差 0.01 mm 扣 2 分	
	表面粗糙度	$Ra6.3$	15	超差不得分	
	平行度	0.05 mm	15	每超差 0.01 mm 扣 2 分,超差 0.04 mm 不得分	
其他项目	安全	安全文明生产		不符合要求则从总分扣 1 ~ 50 分,发生较大事故者不得分	
	工具设备使用	正确、规范使用工、量、刃具及设备,并做到合理保养		不符合要求则从总分扣 1 ~ 10 分	
	其他	操作姿势		不符合要求则从总分扣 1 ~ 5 分	
		工艺正确		不符合要求则从总分扣 1 ~ 5 分	
工时定额	3 h			超 0.5 h 以上不得分	

104

任务三 配重铁的制作

一、任务描述

按图4-22所示要求完成零件制作。

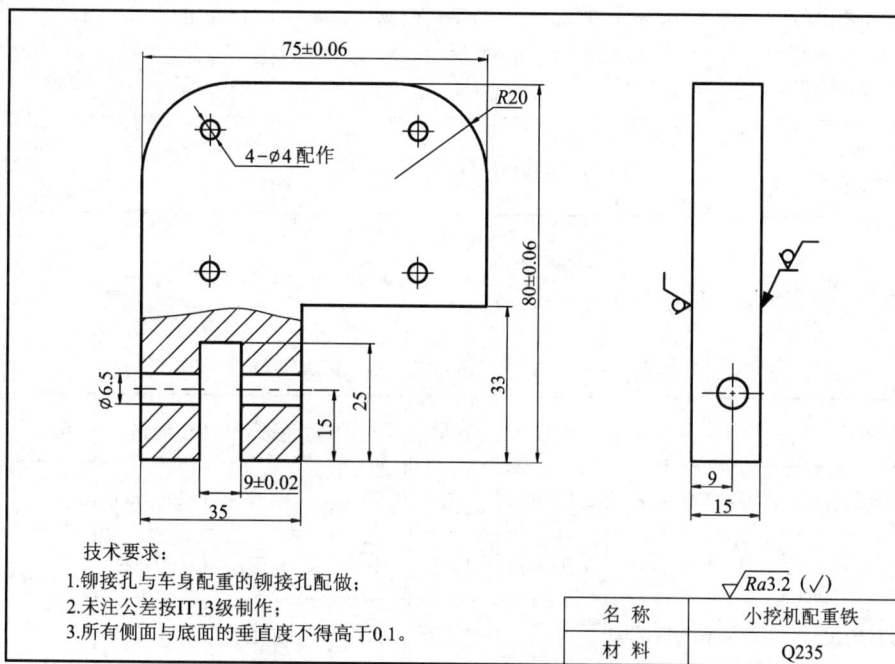

图4-22 小挖机配重铁的零件图

二、任务实施

(一)工件制作前的准备

1. 材料准备(表4-23)

表4-23 制作配重铁材料清单

序号	材料名称	规格	数量	备注
1	Q235	62 mm×62 mm×15 mm	1件	1件/人

2. 设备准备(表 4 - 24)

表 4 - 24 制作配重铁设备清单

序号	名称	规格	数量	序号	名称	规格	数量
1	划线(测量)平板	500 mm × 400 mm	1 块/8 人	5	钳台		1 工位/人
2	方箱(靠铁)	100 mm × 100 mm	与平板配套	6	台虎钳	200 mm	1 个/人
3	台式钻床	Z512	1 台/8 人	7	砂轮机	S3SL - 250	1 台
4	平口虎钳 (带平行垫铁)	100 mm	与台钻配套				

3. 工具、量具、刃具准备(表 4 - 25)

表 4 - 25 制作配重铁工、量、刃具清单

序号	名称	规格	精度	数量	序号	名称	规格	精度	数量
1	游标高度尺	0 ~ 200 mm	0.02 mm	1 把	13	锯弓	300 mm		1 把
2	游标卡尺	0 ~ 150 mm	0.02 mm	1 把	14	扁錾	150 mm		1 个
3	直角尺	100 mm × 63 mm	一级	1 把	15	锯条	中齿		2 根
4	刀口尺	100 mm	一级	1 把	16	划规			1 个
5	钻夹头	ϕ12 mm		1 个	17	划针	150 mm		1 根
6	钻花	ϕ4 mm		1 个	18	钢板尺	200 mm		1 把
7	钻花	ϕ6.5 mm		1 个	19	样冲			1 个
8	半径规	15.5 ~ 25.5 mm		1 个	20	手锤	0.5 kg		1 把
9	扁锉	300 mm	一号纹	1 把	21	软钳口			1 副
10	扁锉	250 mm	三号纹	1 把	22	锉刀刷			1 把
11	扁锉	100 mm	五号纹	1 把	23	机油煤油			适量
12	油漆刷	1 寸 ~ 2 寸		1 把	24	抹布棉纱			适量

（二）工件制作步骤（表4-26）

表4-26 制作配重铁的操作步骤

序号	步骤	图示	操作内容及注意事项
1	检查毛坯	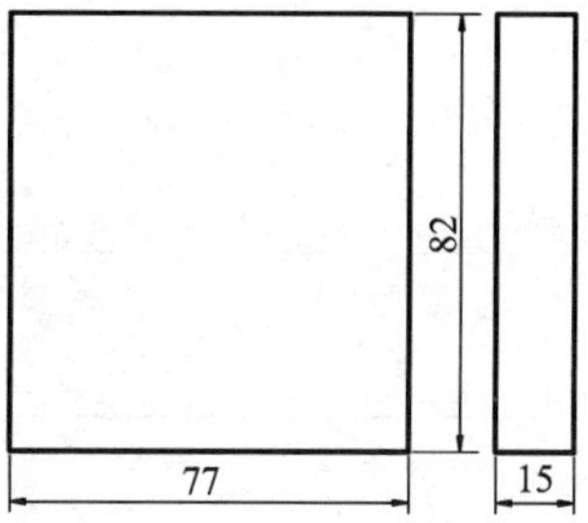	按图示检查毛坯 1）毛坯清理 2）检查毛坯尺寸
2	加工相邻 两基准面	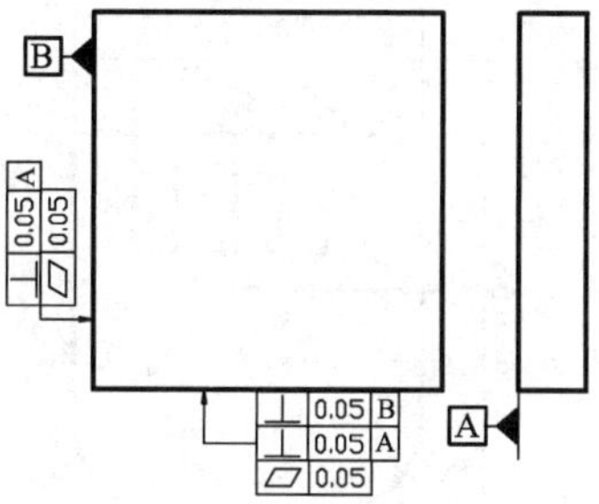	1）加工相邻两基准面，保证加工面与大平面、相邻面的垂直度要求 2）保证加工面的直线度与平面度要求
3	划出加工线	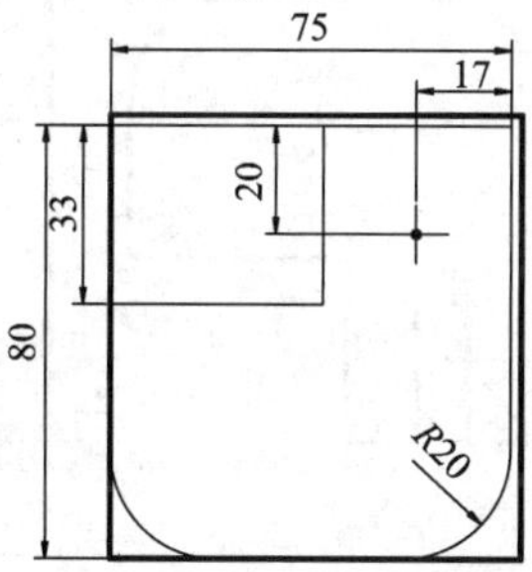	以两基准面为基准，划出加工轮廓线，划出工艺孔中心的中心，打上样冲眼，并用划规划出R20边界线
4	钻孔	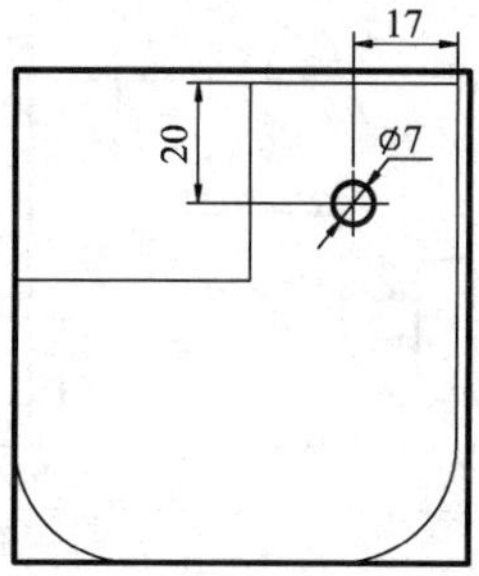	根据图示要求，钻削φ7 mm孔
5	锯削		沿凹形加工边线，锯两条缝，并保留锉削余量

序号	步骤	图示	操作内容及注意事项
6	錾削		用錾子顶住排孔位置,通过锤击,将多余材料去除
7	锯削		按图纸要求,去除尺寸外形多余材料,保留锉削余量
8	锉削		锉削尺寸 33、35、75、80 mm 至图示要求尺寸
9	锉削		利用滚锉法锉削圆弧 R20,锉至要求尺寸
10	锉削	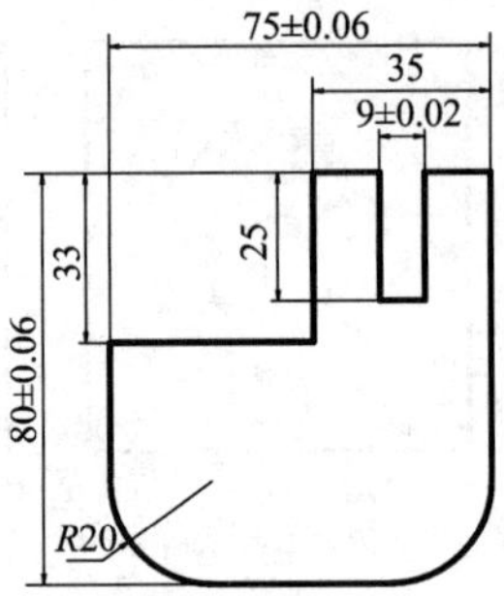	锉削尺寸 9、25 mm 至要求尺寸,最终达到图纸尺寸要求
11	定心	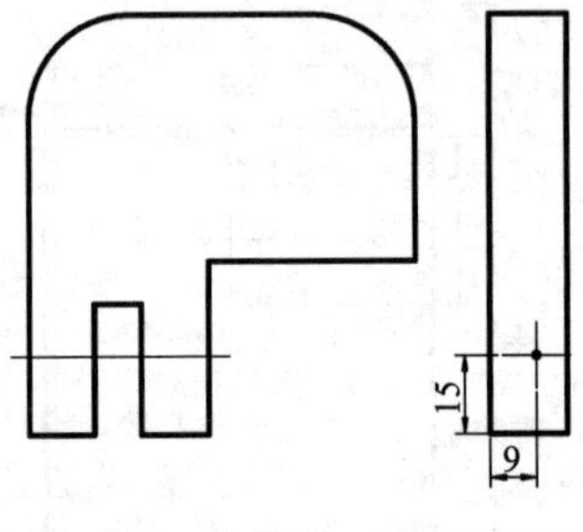	用高度游标卡尺划出 $\phi 6.5$ mm 孔的圆心,并打上样冲眼
12	钻孔	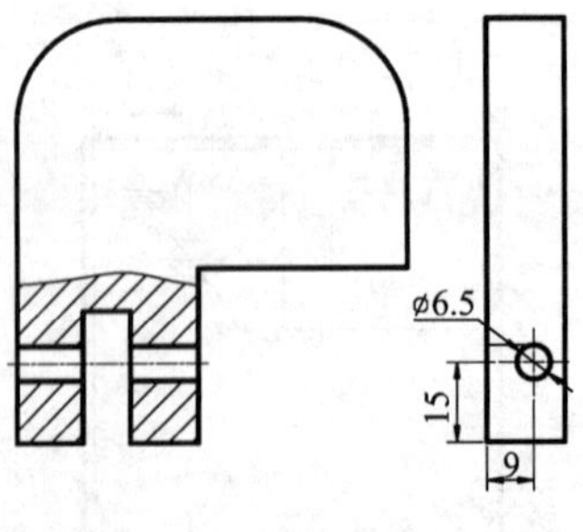	钻削 $\phi 6.5$ mm 孔,保证孔轴线与地面的平行度
13	修整		倒棱,去毛刺
14	交检		根据评分标准进行检查评分

108

(三)评价反馈(表4−27)

表4−27　制作配重铁的评分表

考核项目	考核内容	考核要求	配分	评分标准	得分
主要项目	尺寸精度	(80±0.06)mm	10	每超差0.01 mm扣2分	
	尺寸精度	(75±0.06)mm	10	每超差0.01 mm扣1分	
	尺寸精度	33 mm	8	每超差0.01 mm扣3分,超差0.03 mm不得分	
	尺寸精度	(9±0.02)mm	15	每超差0.01 mm扣3分,超差0.03 mm不得分	
	尺寸精度	9 mm	8	每超差0.02 mm扣3分,超差0.06 mm不得分	
	尺寸精度	$R20$	12	每超差0.01 mm扣3分,超差0.03 mm不得分	
一般项目	表面粗糙度	$Ra3.2$	12	超差不得分	
	尺寸精度	$\phi6.5$	5	每超差0.01 mm扣0.5分,超差0.1 mm不得分	
	尺寸精度	$\phi4$(4处)	5	每超差0.01 mm扣0.5分,超差0.1 mm不得分	
	尺寸精度	25 mm	5	每超差0.01 mm扣0.5分,超差0.2 mm不得分	
	尺寸精度	15 mm	5	每超差0.01 mm扣0.5分	
其他项目	安全	安全文明生产		不符合要求则从总分扣1～50分,发生较大事故者不得分	
	工具设备使用	正确、规范使用工、量、刃具及设备,并做到合理保养		不符合要求则从总分扣1～10分	
	其他	操作姿势		不符合要求则从总分扣1～5分	
		工艺正确		不符合要求则从总分扣1～5分	
工时定额	6 h			超1 h以上不得分	

任务四　驾驶室的制作

一、任务描述

按图 4-23 所示要求完成零件制作。

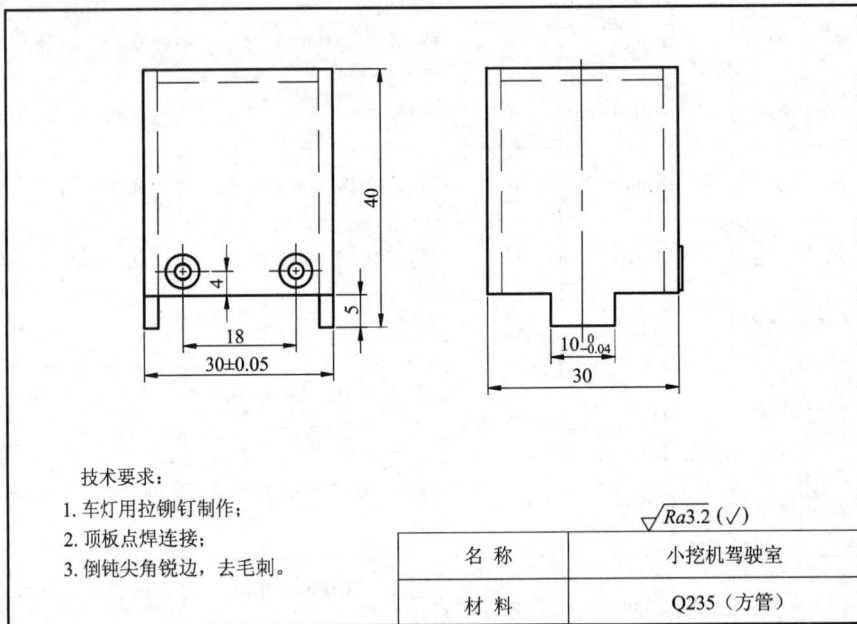

图 4-23　小挖机驾驶室零件图

二、相关知识

(一)铆接的基本知识

1. 铆接概述

用铆钉连接两个或两个以上工件的工艺称为铆接。铆接是一种传统的连接方法。目前，在很多结构的连接中，铆接已逐渐被焊接工艺所代替。但是，铆接由于其传力均匀，塑性和韧性好，能承受冲击和震动载荷，特别是异种金属之间的连接和对焊接性能差的构件的连接，铆接更具优势，故目前仍广泛被采用。

2. 铆接的种类

(1)按使用要求分类

①活动铆接。活动铆接的结合部分可以相互传动，如剪刀、划规等工具的铆接。

②固定铆接。固定铆接的结合部分是固定不动的。按其工作要求和用途不同，可分为强固铆接、强密铆接和紧密铆接三种。其特点及应用见表 4-28。

表 4 – 28　固定铆接的特点及应用

种类	结构特点	应用
强固铆接	有足够的强度，能承受很大的载荷	适用于受力大且对铆接无密封要求的地方，如桥梁、车辆和塔架等构件的铆接
强密铆接	不能承受较大的压力，但对接缝处的密封性要求较高。为了防止渗漏，这种铆接的铆钉大而且排列密，铆缝中常夹有橡皮或其他填料	一般多用于低压容器构件的铆接，如水箱、气筒、油罐等
紧密铆接	要承受较大的压力，而且接缝处的密封性要求较高	常用于压力容器构件的铆接，如蒸汽锅炉、压缩空气罐、压力管路等

（2）按铆接的方法分类

①冷铆。铆接时，铆钉不得加热，直接镦出铆合头。直径在 8 mm 以下的钢质铆钉都可以用冷铆方法铆接。采用冷铆时，铆钉的材料必须具有较高的塑性。

②热铆。热铆是将整个铆钉加热后再进行铆接。铆钉受热后塑性好，容易成形，且铆钉冷却后收缩，加大了结合强度。直径在 8 mm 以上的钢质铆钉多采用热铆。

③混合铆。铆接时，只需将铆合头部加热。对细长铆钉，常采用这种方法，以避免铆钉杆弯曲。

3. 铆接形式

铆接的形式是由零件相互结合的位置所决定。主要由搭接、对接和角接三种形式，如图 4 – 24 所示。

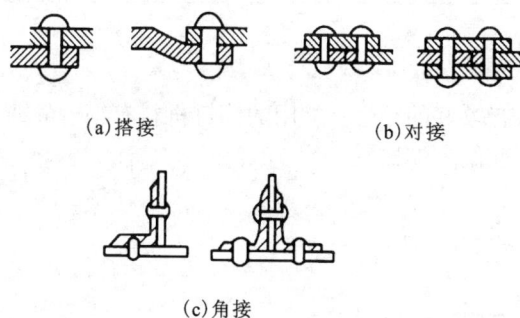

（a）搭接　　　　　　（b）对接

（c）角接

图 4 – 24　铆接的形式

（二）铆钉和铆接工具

1. 铆钉的种类

（1）按铆钉形状分

按铆钉形状分，常用的铆钉有平头、半圆头、沉头、半圆沉头、管状空心和皮带铆钉等。铆钉形状及应用见表 4 – 29。

表 4 – 29　铆钉形状及应用

名称	形状	应用
平头铆钉		铆接方便,应用广泛,常用于一般无特殊要求的铆接,如铁皮箱盒,防护罩壳及其他结合部件。
半圆头铆钉		应用广泛,常用于钢结构的屋架、桥梁、车辆等结构件的铆接
沉头铆钉		适用于框架等表面要求平整工件的铆接
半圆沉头铆钉		适用于有防滑要求的铆接,如踏脚板、走路梯板等
管状空心铆钉		适用于在铆接处有空心要求的铆接,如电器部件的铆接等
皮带铆钉		常用于各种毛毡、橡皮、皮革、皮带等制品的铆接

（2）按铆钉材料分

制造铆钉的材料要求有较好的塑性,常用的铆钉材料有钢、黄铜、紫铜和铝等。铆接时,应选用与铆接件的材料相近似的铆钉。

2. 铆接工具

铆接工具如图 4 – 25 所示。

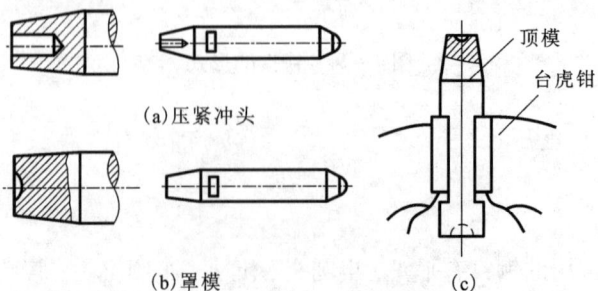

(a)压紧冲头

(b)罩模

(c)

图 4 – 25　铆接工具

（1）压紧冲头。其作用是将铆合的板料压紧。

（2）罩模。用于铆接时，做出完整的铆合头。

（3）顶模。用于铆接时，顶住铆钉头部，便于铆接工作的进行，且不会损伤铆钉头。

3. 铆接加工

正确地进行铆接加工，必须首先确定铆钉直径、长度及通孔直径。

（1）铆钉直径的确定。铆钉直径 d 的大小与被连接板的厚度有关。

①连接板的厚度相同时，铆钉直径一般取板厚的 1.8 倍。

②当被连接板的厚度不相同时，铆钉直径一般取最小板厚的 1.8 倍。

由于铆钉为标准件，所以应在计算后查表圆整。标准铆钉直径，可按表 4-30 选取。

表 4-30　标准铆钉直径和通孔直径的选择　　　　　　　　单位：mm

标准铆钉直径		2	2.5	3	4	5	6	8	10
通孔直径	精装配	2.1	2.6	3.1	4.1	5.2	6.2	8.2	10.3
	粗装配	2.2	2.7	3.4	4.5	5.6	6.6	8.6	11

注：为了保证铆接强度，圆整后的铆钉直径应选择允许范围的上限。同一构件上尽可能采用一种直径的铆钉。

例：如铆接 3 mm 和 5 mm 的两块钢板，试选择直径合适的铆钉直径。

解：铆钉直径 $d = 1.8 \times 3 = 5.4$ mm

查表圆整后，铆钉直径 d 应选取 6 mm。

（2）铆钉长度的确定

①铆钉长度的要求。铆接时，铆钉所需长度应等于铆接板料的总厚度加铆钉伸出长度。铆钉的伸出长度应适当，如果铆钉伸出长度过长，则镦出的铆合头就大且容易歪斜，影响铆接的外观质量；如果铆钉的伸出长度过短，则不能镦出完整的铆合头，影响铆接的强度。

②铆钉长度的计算。铆钉的长度（钉杆长度）应取决于铆钉的类型。铆钉长度可用下式计算，即

a. 半圆头铆钉的长度：

$$L = S + (1.25 \sim 1.5)d$$

b. 沉头铆钉的长度：

$$L = S + (0.8 \sim 1.2)d$$

式中：L——铆钉的长度，mm；

　　　S——铆接板厚之和，mm；

　　　d——铆钉直径，mm。

（3）通孔直径的确定

铆接时，铆接件的通孔直径应根据铆钉直径和连接要求来确定。孔径过小，将使铆钉插入困难；孔径过大，则铆接后的工件容易松动。一般确定铆接件的通孔直径可按表 4-30 选取。

（二）铆接的方法

1.半圆头铆钉的铆接方法及步骤

（1）铆接件彼此贴合。

（2）按划线钻孔，并将孔口倒角。

（3）插入铆钉。

（4）用压紧冲头压紧板料，如图4-26(a)所示。

（5）镦粗铆钉，如图4-26(b)所示。

（6）初步锤打成形，如图4-26(c)所示。

（7）用罩模修整铆合头，如图4-26(d)所示。

在进行活动铆接时，应经常检查被连接件的活动情况。如发现铆得太紧，可将铆钉一端垫在有孔的垫铁上，用手锤锤击另一端，使其活动。

注意：在冷铆过程中镦粗铆钉，要求锤击次数不能过多，否则材质将由于冷作硬化，致使铆钉头产生裂纹。

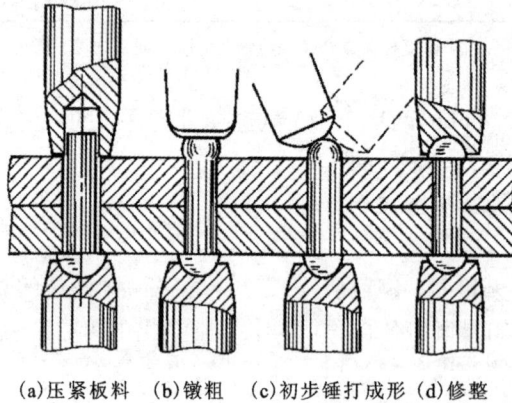

(a)压紧板料　(b)镦粗　(c)初步锤打成形　(d)修整

图4-26　半圆头铆钉的铆接

2.沉头铆钉的铆接方法及步骤

沉头铆钉的铆接方法有两种：一种是使用现成的沉头铆钉铆接，其方法与半圆头铆钉的铆接方法基本相同；另一种是用圆钢截断后代用，其铆接方法如图4-27所示。

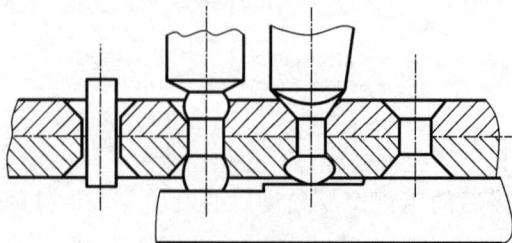

图4-27　圆柱沉头铆钉的铆接

铆接步骤为：

(1)把铆接件彼此贴合。

(2)按划线钻孔，并将孔口倒角。

(3)将圆钢插入孔中。

(4)镦粗圆钢两端。

(5)将圆钢两端铆平。

(6)除去铆钉两端的高出部分。

3.多孔工件的铆接方法及步骤

(1)将铆接件彼此贴合。

(2)划线后先钻1~2个孔，并将孔口倒角。

(3)将这1~2个孔铆紧或用螺栓紧固定位。

(4)按划线加工其余各孔，并将孔口倒角。

(5)按从中间到四周的顺序逐步铆紧其余各孔。

(6)修整各铆合头。

4.铆钉的拆卸方法及步骤

要拆除铆接件，只有先将铆钉一端的头部去掉，然后用冲头将铆钉从孔中冲出。对于表面质量要求不高的铆接件，可直接用錾子将铆钉头錾掉。当铆接件表面质量要求较高时，为避免工件表面的损伤，应用钻孔的方法拆卸，如图4-28所示。

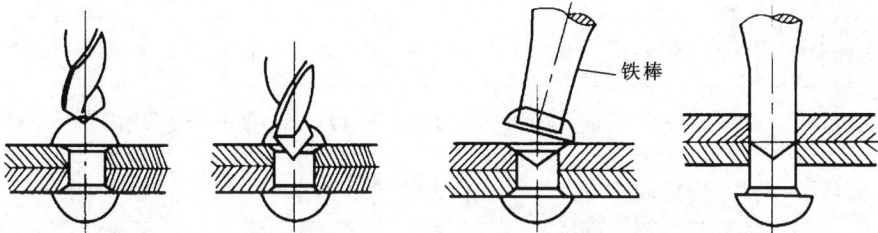

铁棒

图4-28 铆钉的拆卸方法

三、任务实施

(一)工件制作前的准备

1.材料准备(表4-31)

表4-31 制作驾驶室材料清单

序号	材料名称	规格	数量	备注
1	Q235	30 mm×30 mm×42 mm	1件	1件/人

2. 设备准备(表4－32)

表4－32　制作驾驶室设备清单

序号	名称	规格	数量	序号	名称	规格	数量
1	划线(测量)平板	500 mm × 400 mm	1块/8 人	5	钳台	800 mm	1 工位/人
2	方箱(靠铁)	100 mm × 100 mm	与平板配套	6	台虎钳	200 mm	1 个/人
3	台式钻床	Z512	1台/8 人	7	砂轮机	S3SL－250	1 台
4	平口虎钳(带平行垫铁)	100 mm	与台钻配套				

3. 工具、量具、刃具准备(表4－33)

表4－33　制作驾驶室工、量、刃具清单

序号	名称	规格	精度	数量	序号	名称	规格	精度	数量
1	游标高度尺	0～200 mm	0.02 mm	1 把	13	锯弓	300 mm		1 把
2	游标卡尺	0～150 mm	0.02 mm	1 把	14	扁錾	150 mm		1 个
3	直角尺	100 mm × 63 mm	一级	1 把	15	锯条	中齿		2 根
4	刀口尺	100 mm	一级	1 把	16	划规	150 mm		1 个
5	钻夹头	ϕ12 mm		1 个	17	划针			1 根
6	钻花	ϕ4 mm		1 个	18	钢板尺	200 mm		1 把
7	钻花	ϕ6.5 mm		1 个	19	样冲			1 个
8	手锤	0.5 kg		1 个	20	软钳口			1 副
9	扁锉	300 mm	一号纹	1 把	21	锉刀刷			1 把
10	扁锉	250 mm	三号纹	1 把	22	机油煤油			适量
11	扁锉	100 mm	五号纹	1 把	23	抹布棉纱			适量
12	油漆刷	1 寸～2 寸		1 把					

116

（二）工件制作步骤（表 4 - 34）

表 4 - 34　制作驾驶室的操作步骤

序号	步骤	图示	操作内容及注意事项
1	检查毛坯		按图示检查毛坯 1）毛坯清理 2）检查毛坯尺寸方钢30 mm ×30 mm×42 mm
2	加工基准面	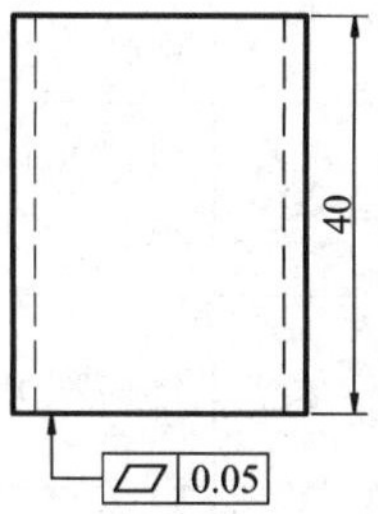	1）加工基准面，保证加工面与大平面的垂直度要求 2）保证加工面的直线度与平面度要求
3	划出加工线	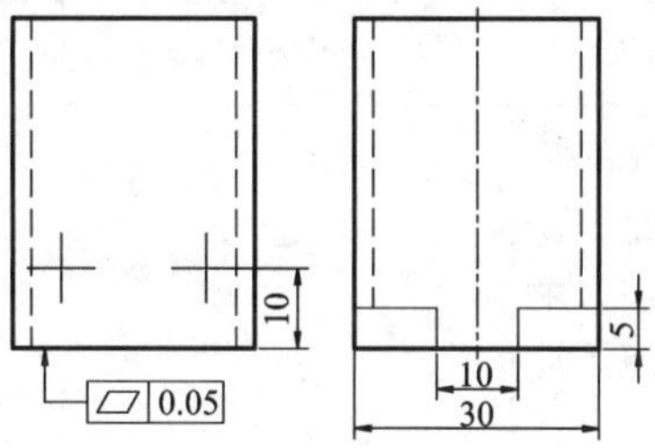	以两基准面为基准，划出加工轮廓线，划出各孔的中心，打上样冲眼
4	锯削		锯削去除尺寸 5 mm 位置的多余材料，保留锉削余量
5	锉削	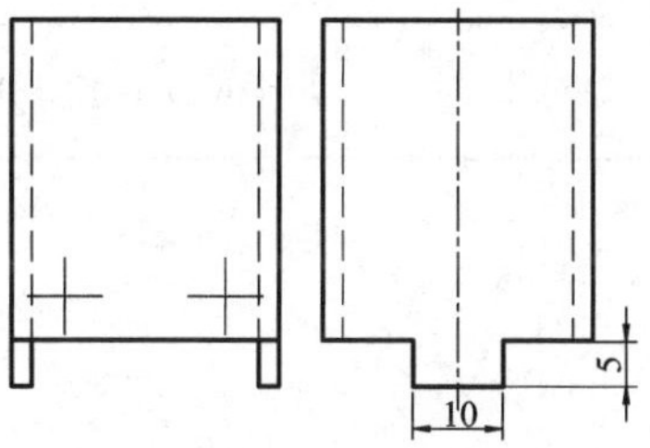	锉削尺寸 10、5 mm 至要求尺寸
6	钻孔	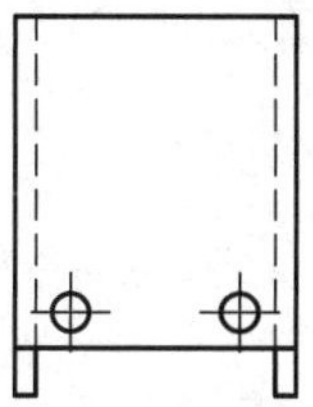	钻削 2 个 $\phi4.2$ mm 孔
7	铆接		
8	修整		倒棱，去毛刺
9	交检		根据评分标准进行检查评分

(三)评价反馈(表4-35)

表4-35 制作驾驶室的评分表

考核项目	考核内容	考核要求	配分	评分标准	得分
主要项目	尺寸精度	(30 ± 0.05) mm (2处)	20	每超差0.01 mm扣4分,超差0.05 mm不得分	
	尺寸精度	$10_{-0.04}^{0}$ mm (2处)	40	每超差0.01 mm扣4分,超差0.04 mm不得分	
	尺寸精度	5 mm (2处)	20	每超差0.01 mm扣2分,差0.15 mm不得分	
一般项目	表面粗糙度	$Ra3.2$	20	每超差0.01 mm扣0.5分	
其他项目	安全	安全文明生产		不符合要求则从总分扣1~50分,发生较大事故者不得分	
	工具设备使用	正确、规范使用工、量、刃具及设备,并做到合理保养		不符合要求则从总分扣1~10分	
	其他	操作姿势		不符合要求则从总分扣1~5分	
		工艺正确		不符合要求则从总分扣1~5分	
工时定额	3 h			超1 h以上不得分	

项目3　小挖机臂架的制作

一、任务目标

【知识目标】

1. 能正确选择钳工工具，熟悉加工方法。
2. 能合理选用量具，熟悉测量方法。

【能力目标】

1. 能够按图样要求合理选用加工方法和测量方法，巩固钳工基本操作技能。
2. 能够按图样要求正确加工零件，达到图纸要求。

任务一　主臂架的制作

一、任务描述

按图4－29所示要求完成零件制作。

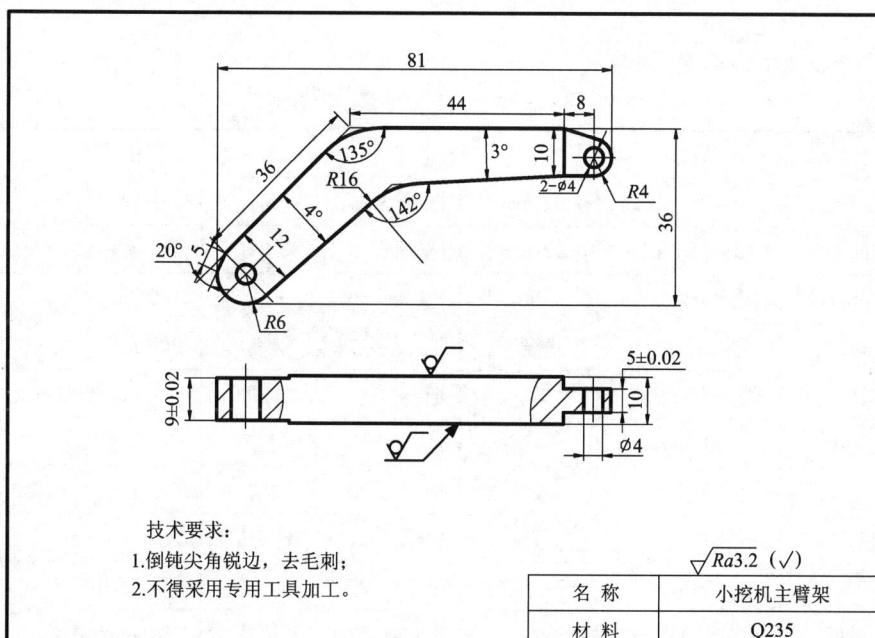

图4－29　小挖机主臂架零件图

二、任务实施

（一）工件制作前的准备

1.材料准备（表4-36）

表4-36　制作主臂架材料清单

序号	材料名称	规格	数量	备注
1	Q235	83 mm×38 mm×10 mm	1件	1件/人

2.设备准备（表4-37）

表4-37　制作主臂架设备清单

序号	名称	规格	数量	序号	名称	规格	数量
1	划线（测量）平板	500 mm×400 mm	1块/8人	5	钳台		1工位/人
2	方箱（靠铁）	100 mm×100 mm	与平板配套	6	台虎钳	200 mm	1个/人
3	台式钻床	Z512	1台/8人	7	砂轮机		1台
4	平口虎钳（带平行垫铁）	100 mm	与台钻配套				

3.工具、量具、刃具准备（表4-38）

表4-38　制作主臂架工、量、刃具清单

序号	名称	规格	精度	数量	序号	名称	规格	精度	数量
1	游标高度尺	0~200 mm	0.02 mm	1把	14	锯条	中齿		2根
2	游标卡尺	0~150 mm	0.02 mm	1把	15	划规			1个
3	直角尺	100 mm×63 mm	一级	1把	16	划针	150 mm		1根
4	刀口尺	100 mm	一级	1把	17	钢板尺	200 mm		1把
5	万能角度尺	0~320°	2′	1把	18	样冲			1个
6	扁锉	300 mm	一号纹	1把	19	手锤	0.5 kg		1个
7	扁锉	250 mm	三号纹	1把	20	软钳口			1副
8	扁锉	100 mm	五号纹	1把	21	锉刀刷			1把
9	三角锉	150 mm	四号纹	1把	22	油漆刷	1寸~2寸		1把
10	塞尺	0.02~0.5 mm		1组	23	钻花	φ4 mm		1个
11	扁锉	300 mm	一号纹	1把	24	机油煤油			适量
12	整形锉	6支/组		1套	25	抹布棉纱			适量
13	锯弓	300 mm		1把	26	钻夹头	φ12 mm		1个

120

（二）工件制作步骤（表 4 – 39）

表 4 – 39　制作主臂架的操作步骤

序号	步骤	图示	操作内容及注意事项
1	检查毛坯		按图示检查毛坯 1）毛坯清理 2）检查毛坯尺寸 83 mm × 38 mm × 10 mm
2	加工相邻两基准面	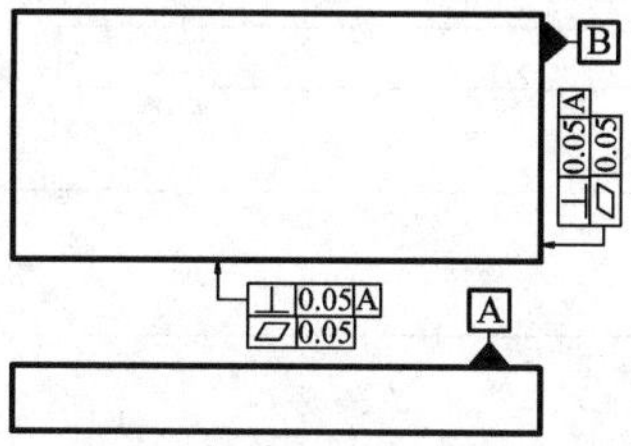	加工基准面，保证加工面与大平面的垂直度要求 保证加工面的直线度与平面度要求
3	划出加工线	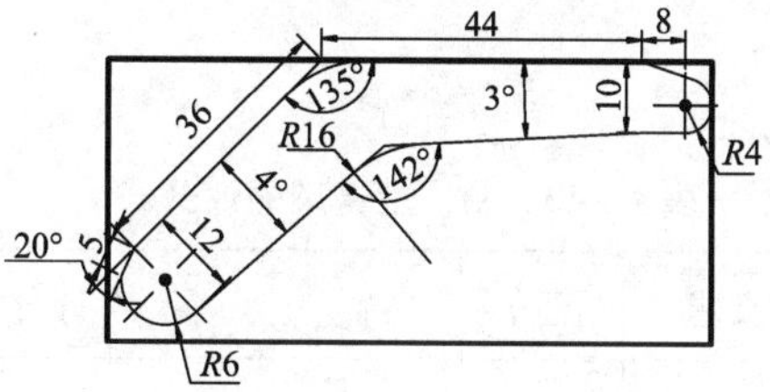	以两基准面为基准，划出加工轮廓线，划出 φ4 mm 的中心，打上样冲眼，并用划规划出 R6、R4 边界线
4	锯削		用锯削的方法去掉多余的材料，保留锉削余量
5	锉削		锉削各直、斜边，至要求尺寸
6	钻孔		钻削 φ4 mm 孔
7	锉削	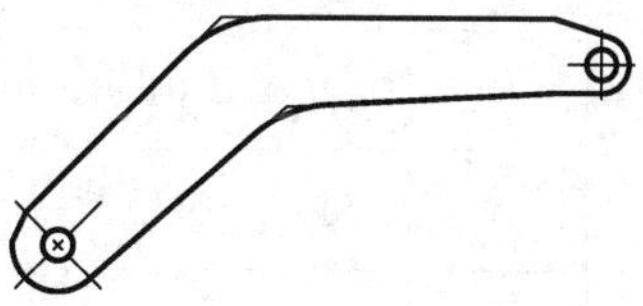	利用滚锉法锉削圆弧 R6、R4，锉至要求尺寸（尺寸见任务单图纸）
8	划出加工线	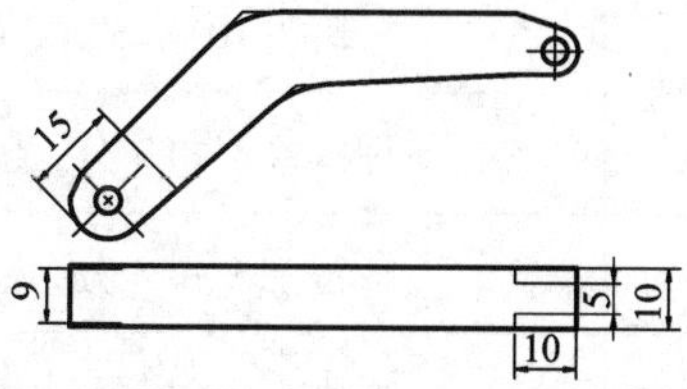	以底面为基准，划出加工轮廓线

序号	步骤	图示	操作内容及注意事项
9	锯削		用锯削的方法去掉多余的材料，保留锉削余量
10	锉削	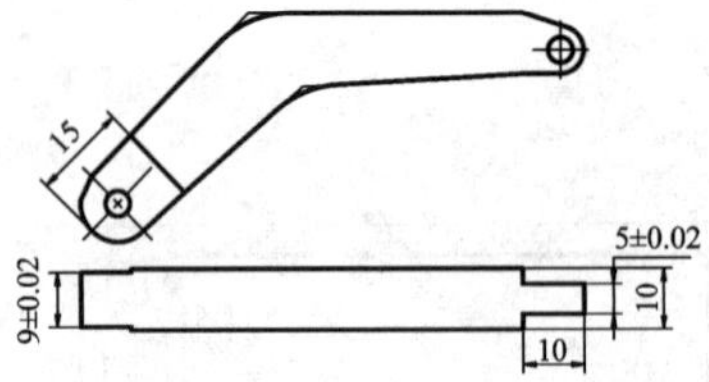	锉削上述各步骤中的加工面，达到尺寸要求
11	修整		倒棱，去毛刺
12	交检		根据评分标准进行检查评分

(三)评价反馈(表 4 – 40)

表 4 – 40　制作主臂架的评分表

考核项目	考核内容	考核要求	配分	评分标准	得分
主要项目	尺寸精度	44 mm	10	每超差 0.01 mm 扣 2 分	
	尺寸精度	36 mm	10	每超差 0.01 mm 扣 2 分	
	尺寸精度	12 mm	5	每超差 0.01 mm 扣 1 分	
	尺寸精度	10 mm	5	每超差 0.01 mm 扣 1 分	
	尺寸精度	(5 ± 0.02) mm	10	每超差 0.01 mm 扣 3 分，超差 0.03 mm 不得分	
	尺寸精度	(9 ± 0.02) mm	10	每超差 0.01 mm 扣 3 分，超差 0.03 mm 不得分	
	尺寸精度	$\phi 4$ mm(2 处)	10	每超差 0.01 mm 扣 3 分，超差 0.03 mm 不得分	
	尺寸精度	142°	5	每超差 10′ 扣 3 分，超差 1° 不得分	
一般项目	尺寸精度	R4	5	每超差 0.01 mm 扣 0.5 分	
	尺寸精度	135°	5	每超差 10′ 扣 3 分，超差 1° 不得分	
	尺寸精度	3°	5	每超差 5′ 扣 3 分，超差 30′ 不得分	
	尺寸精度	4°	5	每超差 5′ 扣 3 分，超差 30′ 不得分	
	尺寸精度	R6	5	每超差 0.01 mm 扣 0.5 分	
	表面粗糙度	Ra3.2	10	超差不得分	

续表 4 – 40

考核项目	考核内容	考核要求	配分	评分标准	得分
其他项目	安全	安全文明生产		不符合要求则从总分扣 1 ~ 50 分，发生较大事故者不得分	
	工具设备使用	正确、规范使用工、量、刃具及设备，并做到合理保养		不符合要求则从总分扣 1 ~ 10 分	
	其他	操作姿势		不符合要求则从总分扣 1 ~ 5 分	
		工艺正确		不符合要求则从总分扣 1 ~ 5 分	
工时定额	4 h			超 1 h 以上不得分	

任务二 副臂架的制作

一、任务描述

按图4-30所示要求完成零件制作。

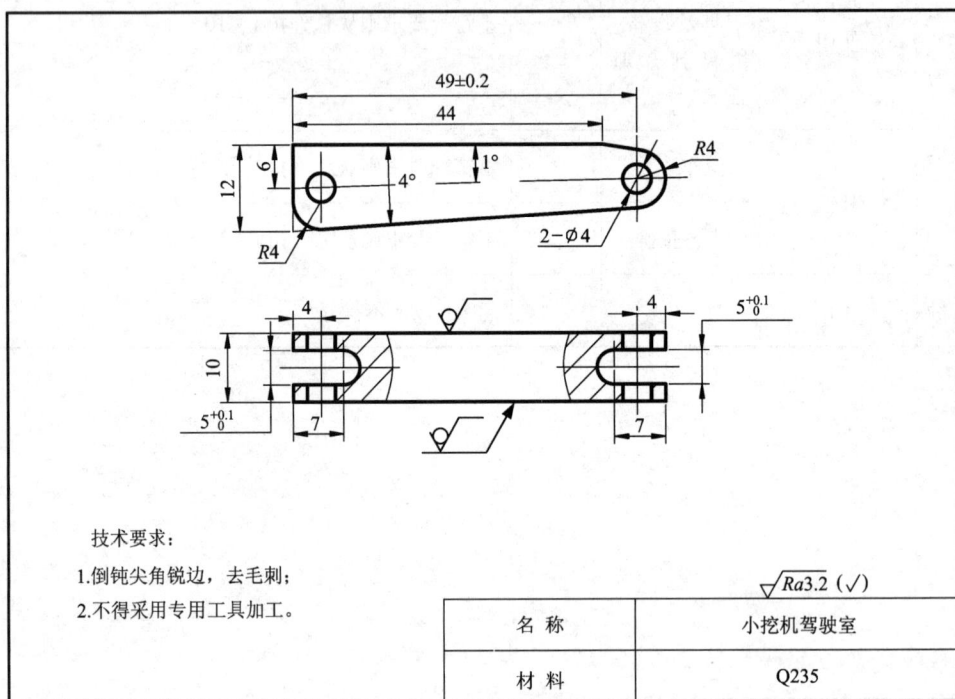

图4-30 副臂架零件图

二、任务实施

(一)工件制作前的准备

1.材料准备(表4-41)

表4-41 制作副臂架材料清单

序号	材料名称	规格	数量	备注
1	Q235	56 mm × 12 mm × 10 mm	1件	1件/人

2.设备准备(表4-42)

表4-42 制作副臂架设备清单

序号	名称	规格	数量	序号	名称	规格	数量
1	划线(测量)平板	500 mm×400 mm	1块/8人	5	钳台		1工位/人
2	方箱(靠铁)	100 mm×100 mm	与平板配套	6	台虎钳	200mm	1个/人
3	台式钻床	Z512	1台/8人	7	砂轮机	S3SL-250	1台
4	平口虎钳(带平行垫铁)	100 mm	与台钻配套				

3.工具、量具、刃具准备(表4-43)

表4-43 制作副臂架工、量、刃具清单

序号	名称	规格	精度	数量	序号	名称	规格	精度	数量
1	游标高度尺	0~200 mm	0.02 mm	1把	14	锯条	中齿		2根
2	游标卡尺	0~150 mm	0.02 mm	1把	15	划规	150 mm		1个
3	直角尺	100 mm×63 mm	一级	1把	16	划针			1根
4	刀口尺	100 mm	一级	1把	17	钢板尺	200 mm		1把
5	万能角度尺	0~320°	2′	1把	18	样冲			1个
6	扁锉	300 mm	一号纹	1把	19	手锤	0.5 kg		1个
7	扁锉	250 mm	三号纹	1把	20	软钳口			1副
8	扁锉	100 mm	五号纹	1把	21	锉刀刷			1把
9	三角锉	150 mm	四号纹	1把	22	油漆刷	1寸~2寸		1把
10	塞尺	0.02~0.5 mm		1组	23	钻花	φ5 mm		1个
11	扁锉	300 mm	一号纹	1把	24	机油煤油			适量
12	整形锉	6支/组		1套	25	抹布棉纱			适量
13	锯弓	300 mm		1把	26	钻夹头	φ12 mm		1个

(二)工件制作步骤(表 4 - 44)

表 4 - 44 制作副臂架的操作步骤

序号	步骤	图示	操作内容及注意事项
1	检查毛坯		按图示检查毛坯 1)毛坯清理 2)检查毛坯尺寸 56 mm × 12 mm × 10 mm
2	加工相邻两基准面	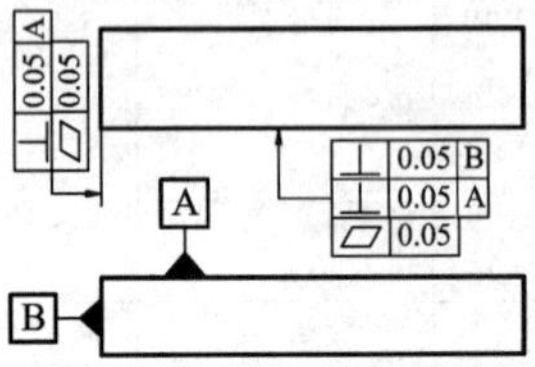	1)加工基准面,保证加工面与大平面的垂直度要求 2)保证加工面的直线度与平面度要求
3	划出加工线	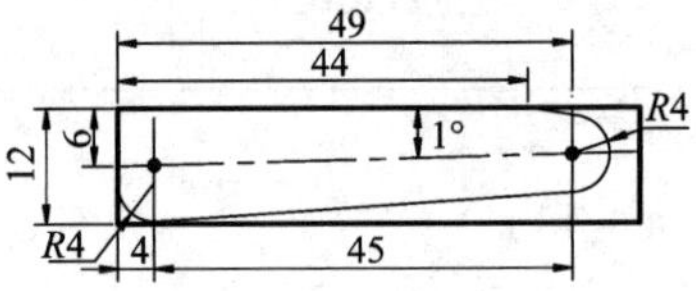	以两基准面为基准,划出加工轮廓线,划出 φ4 的中心,打上样冲眼,并用划规划出 R4 边界线
4	锉削		锉削 4°大斜边,至要求尺寸
5	钻孔		钻削 φ4 孔
6	锉削	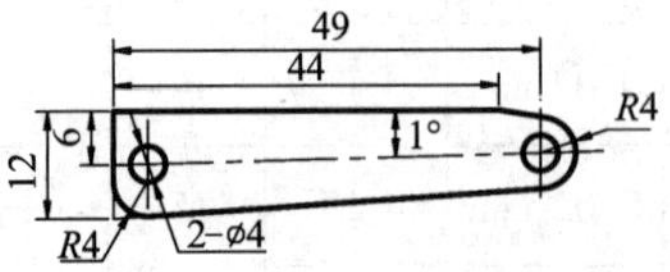	利用滚锉法锉削圆弧 R4,锉至要求尺寸
7	定心		划线找出槽位置圆弧 φ5 的中心,打上样冲眼
8	钻孔	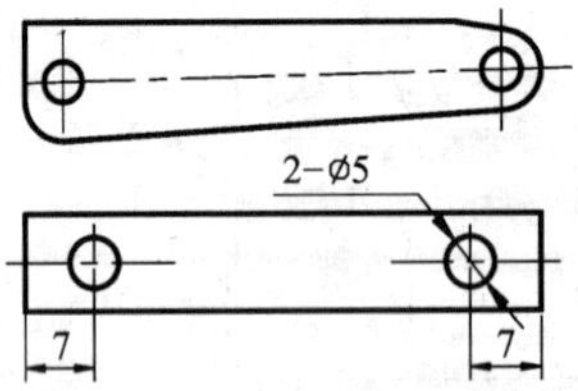	钻削孔 φ5
9	锯削		锯出槽内多余材料
10	锉削	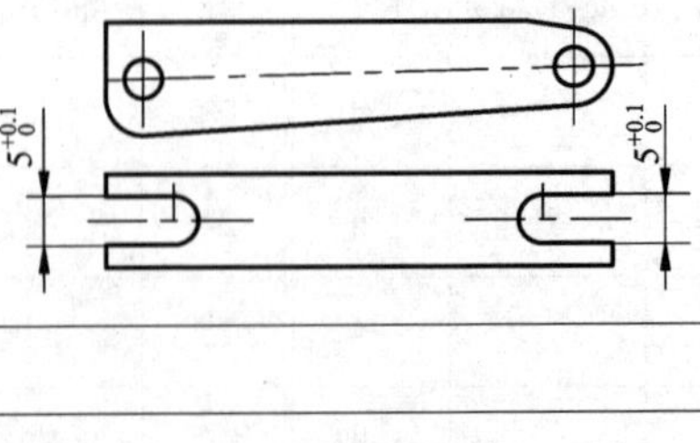	锉削修整槽内壁
11	修整		倒棱,去毛刺
12	交检		根据评分标准进行检查评分

126

（三）评价反馈（表 4 - 45）

表 4 - 45　制作副臂架的评分表

考核项目	考核内容	考核要求	配分	评分标准	得分
主要项目	尺寸精度	（49 ± 0.2）mm	15	每超差 0.01 mm 扣 2 分	
	尺寸精度	6 mm	5	每超差 0.01 mm 扣 1 分	
	尺寸精度	R4	15	每超差 0.01 mm 扣 3 分，超差 0.03 mm 不得分	
	尺寸精度	4 mm	5	每超差 0.01 mm 扣 3 分，超差 0.03 mm 不得分	
	尺寸精度	$\phi4$（2 处）	10	每超差 0.01 mm 扣 3 分，超差 0.03 mm 不得分	
	尺寸精度	（5 ± 0.02）mm（2 处）	18	每超差 0.01 mm 扣 0.5 分，超差 0.05 mm 不得分	
一般项目	尺寸精度	7 mm	5	每超差 0.01 mm 扣 0.5 分	
	表面粗糙度	Ra3.2	20	超差不得分	
	尺寸精度	44 mm	7	每超差 0.01 mm 扣 0.5 分，超差 0.1 mm 不得分	
其他项目	安全	安全文明生产		不符合要求则从总分扣 1 ~ 50 分，发生较大事故者不得分	
	工具设备使用	正确、规范使用工、量、刃具及设备，并做到合理保养		不符合要求则从总分扣 1 ~ 10 分	
	其他	操作姿势		不符合要求则从总分扣 1 ~ 5 分	
		工艺正确		不符合要求则从总分扣 1 ~ 5 分	
工时定额	4 h			超 1 h 以上不得分	

任务三　挖斗的制作

一、任务目标

【知识目标】

1. 了解矫正的作用及种类方法，掌握各种材料的手工矫正方法。
2. 掌握手工弯形的方法。

【能力目标】

1. 能够按图样要求对板材进行折弯，掌握折弯与矫正的操作技能。
2. 能够按图样要求正确加工零件，达到图纸要求。

二、任务描述

按图 4-31 所示要求完成零件制作。

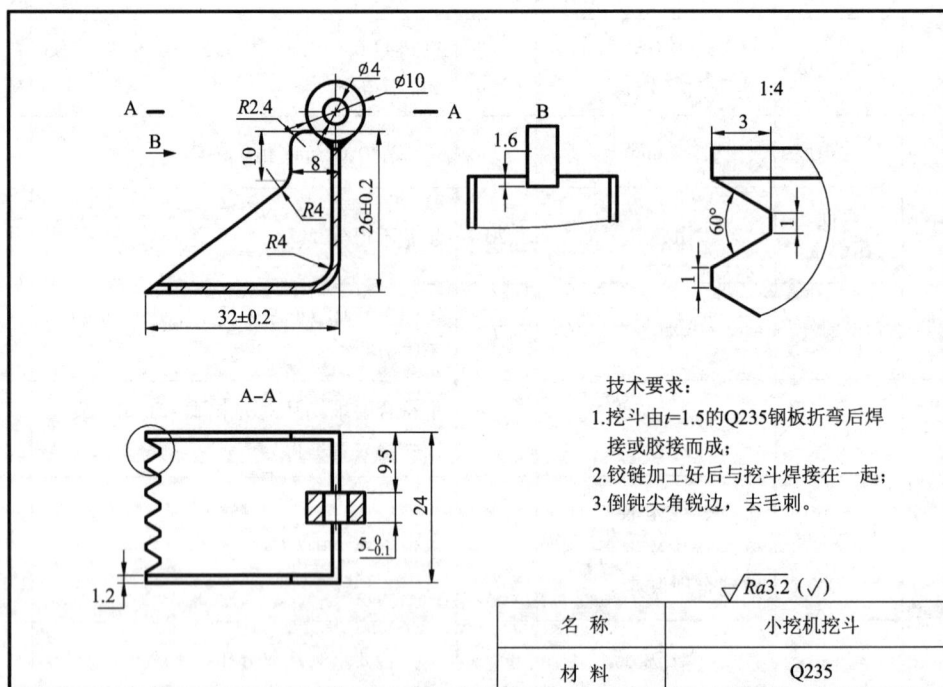

技术要求：
1. 挖斗由 $t=1.5$ 的 Q235 钢板折弯后焊接或胶接而成；
2. 铰链加工好后与挖斗焊接在一起；
3. 倒钝尖角锐边，去毛刺。

$\sqrt{Ra3.2}\ (\checkmark)$

名　称	小挖机挖斗
材　料	Q235

图 4-31　小挖机挖斗零件图

三、相关知识

（一）矫正的基本知识

1. 矫正概述

金属材料或制件在轧制、加工、运输、存放过程中受外力作用，内部组织发生变化，容易产生弯曲、扭曲或翘曲等缺陷，因而难以满足使用要求，通常需要进行矫正来恢复其形状和结构。

消除材料或制件的弯曲、扭曲或翘曲等缺陷的操作称为矫正，即恢复金属材料原状的操作过程。

2. 矫正的种类

（1）按矫正时被矫正材料的温度分类

按矫正时被矫正材料的温度可分为冷矫正和热矫正两种。

①冷矫正。冷矫正就是在常温条件下对变形材料进行的矫正。冷矫正时，出于冷作硬化现象的存在，故适合于矫正塑性较好、变形不严重的金属材料。

冷作硬化是指金属材料在不断受到捶击等外力的作用时，材料的金属组织变得紧密，使金属材料表面硬度提高、性质变脆的现象。冷作硬化后，给材料的进一步矫正或其他冷加工带来困难，必要时应进行退火处理，使材料恢复原有的机械性能。

②热矫正。对于变形十分严重或脆性较大的金属材料，则需将被矫正的材料进行加热后再矫正。

（2）按矫正时产生的矫正力的方法分类

按矫正时产生的矫正力的方法可分为手工矫正、机械矫正、火焰矫正等。

钳工常用的矫正方法为手工矫正，即使用手锤等施力工具在平板、铁砧或台虎钳上矫正变形材料。

3. 手工矫正工具

（1）支撑和夹紧工具

支撑和夹紧工具是指用以支撑和夹紧变形工件的工具，如平板、铁砧、台虎钳、V 形架等。

（2）施力工具

施力工具是指用以对变形工件施加矫正力的工具。常用的施力工具有以下几种：

①软、硬手锤。矫正一般材料通常使用手锤；而矫正已加工表面、表面质量要求较高的材料及有色金属制品的变形，应使用木锤、铜锤、橡皮锤等软锤来矫平。如图 4 - 32 所示为用木锤矫平板料。

②抽条和拍板。抽条是用条状薄板料弯成的简易矫正工具。由于抽条与板料接触面积大，受力均匀，矫平的效果好，故适用于较大面积板料的矫平，如图 4 - 33 所示。拍板是用质地较硬的檀木制成的专用工具，用于敲打或推压板料。如图 4 - 34 所示为用拍板推压矫正极薄板料。

③螺旋压力工具。螺旋压力工具适用于矫正直径较大的轴类零件，如图 4 - 35 所示。

图 4-32　木锤矫平板料

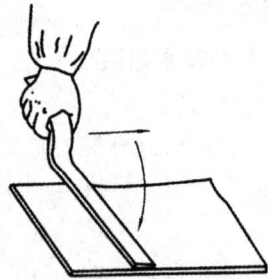

图 4-33　用抽条矫平板料

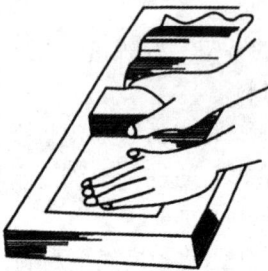

图 4-34　用拍扳推压矫正

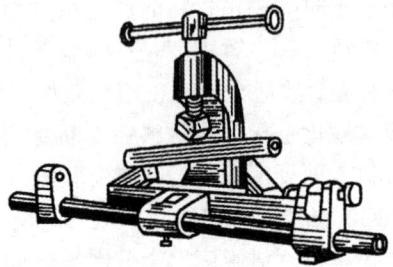

图 4-35　螺旋压力工具

（3）检验工具

检验工具是用以检验矫正后的工件是否符合要求的工具，例如检验平板、角尺、钢直尺、百分表等。

（二）手工矫正方法

手工矫正的方法应根据材料变形的类型来合理选用。常用的方法有扭转法、弯曲法、延展法和伸张法几种。

1. 扭转法

扭转法主要是用来矫正条料、角铁的扭曲变形。矫正时，将工件一端夹持在台虎钳上，用扳手将另一端扭转恢复到原状即可，如图 4-36 所示。

2. 弯曲法

弯曲法主要是用来矫正各种轴类、棒类工件和条料的弯曲变形。

3. 延展法

延展法主要是用于板料、型材的矫正。该方法是通过锤子敲击材料的适当部位，使其局部延展伸长，达到矫正的目的。

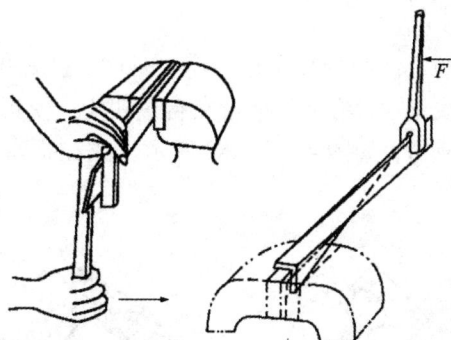

(a)矫正条料的扭曲　　(b)矫正角铁的扭曲

图 4-36　扭转法矫正

4.伸张法

伸张法主要用于各种细长线料的矫直。将线料的一端固定，然后用木块夹持线料或将线料在圆木上绕一圈，从固定处开始向后拉，线料即可矫直；也可以在铜板或铸铁板上钻 3 个小孔，最小的孔比需矫正的线料直径大 0.03～0.05 mm，将铸铁板夹在虎钳上，将线料按上、中、下的顺序从小孔中拉过即可，如图 4-37 所示。

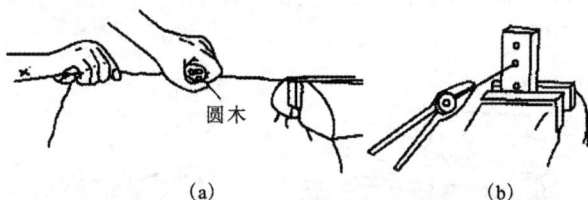

圆木

(a)　　　　　　　　　　　(b)

图 4-37　矫直细长线料

(三)弯形知识

1.弯形概述

(1)弯形的含义

将坯料弯制成所需形状的加工方法称为弯形。

(2)弯形类型

弯形按加工手段不同，可分为手工弯形和机械弯形，钳工主要进行手工弯形。

(3)手工弯形

手工弯形是利用通用的工具、夹具或模具，对板材、型材等进行弯曲成形。虽然手工弯形劳动强度大、弯形精度不高、生产效率低，但是使用的工具简单、操作灵活。

手工弯形多用于单件生产的情况下的弯曲加工。此外，在设备条件缺乏或机械弯形困难时，也需采用手工弯形。

2.手工弯形方法

（1）直角形工件的弯形方法

①弯直角形小型工件的方法。弯直角形小型工件时，可直接在台虎钳上折弯。弯形前，应先在折弯部位划出折弯线，然后将工件夹持在台虎钳上，使折弯线与钳口平齐，用木锤在靠近折弯处轻轻来回敲击成形，如图4-38(a)所示。或在折弯处垫上硬木，用手锤敲击成形，如图4-38(b)所示。

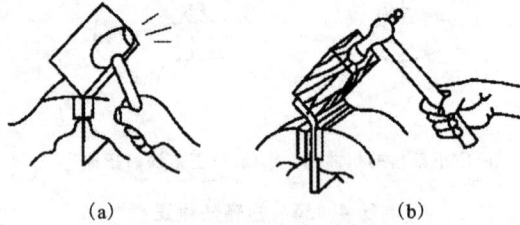

(a)   (b)

图4-38　在台虎钳上弯直角工件

②弯直角形大型工件的方法。当工件尺寸较大，无法在台虎钳上夹持时，可用角铁制作的夹具夹持，进行折弯，如图4-39所示。如果工件较薄，还可以将工件放在铁砧或平板上，利用铁砧或平板的直角边进行折弯。

③弯制多直角工件。弯制多直角工件时，通常需要用适当尺寸的硬木垫或金属垫做辅助工具，分步进行折弯，如图4-40所示。折弯各种多直角工件时，一般应按先里后外的顺序进行，容易保证各部位的尺寸。

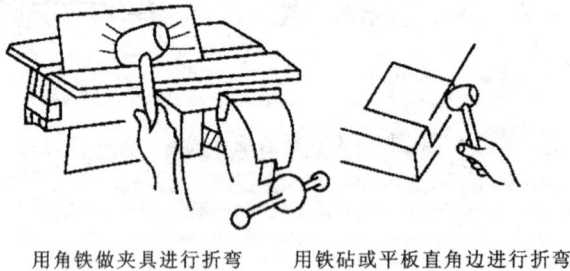

用角铁做夹具进行折弯　　　　用铁砧或平板直角边进行折弯

图4-39　尺寸较大工件的折弯

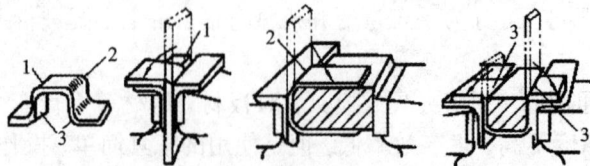

图4-40　多直角工件的弯形过程

132

（2）圆弧形工件的弯形方法

①圆弧形工件的弯形方法。先在工件上划出弯曲线，再将工件和相应大小的圆钢夹持在台虎钳上，用手锤将圆弧捶打成形，最后按划线位置将工件两边折弯成形，如图 4 - 41 所示。

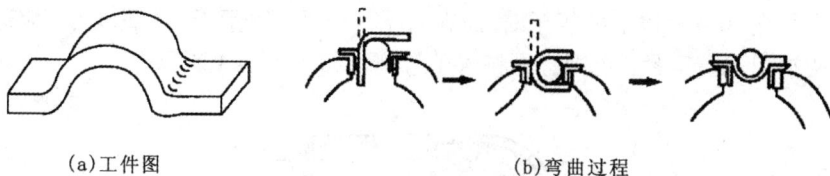

（a）工件图　　　　　　　　　　　　（b）弯曲过程

图 4 - 41　弯圆弧形工件的过程

②板料在宽度方向上的弯形。可利用金属的延展性能，锤击工件的外侧，使材料向相反方向逐渐延伸，达到弯形的目的，如图 4 - 42（a）所示。较窄的板料可在 V 形铁或弯模上锤击，使工件变形，如图 4 - 42（b）所示；还可使用弯形工具进行弯形，如图 4 - 42（c）所示。

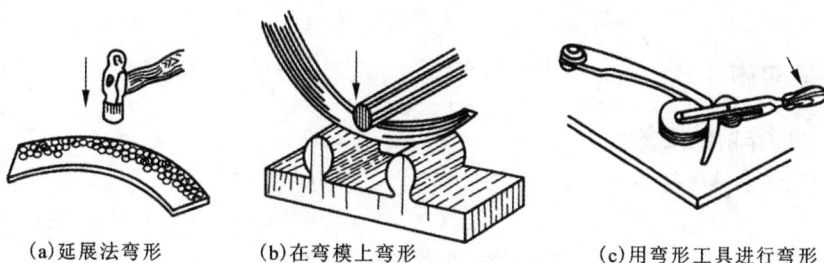

（a）延展法弯形　　　（b）在弯模上弯形　　　（c）用弯形工具进行弯形

图 4 - 42　板料在宽度方向上的弯形

（3）弯制管件的方法

管子的弯曲通常需借助弯管工具，图 4 - 43 所示为一种简单的弯管工具，其转盘和靠铁的侧面制成圆弧槽，作用是防止管子弯瘪。使用时，将管子插入转盘和靠铁的圆弧槽中，再用钩子将管子的伸出端钩住，扳动手柄，直至将管子弯出所需角度。

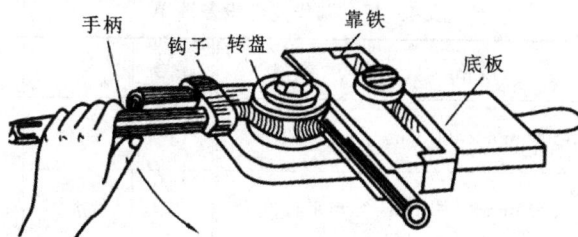

图 4 - 43　弯管工具

注意：

①直径在 12 mm 以下的管子，一般可用冷弯的方法进行；而直径在 12 mm 以上的管子，

则应热弯。

②弯曲管子时，最小的弯曲半径应大于管子直径的 4 倍。

③在弯曲有焊缝的管子时，管子的焊缝应处于中性层位置，否则会将焊缝弯裂，如图 4 - 44 所示。

④弯曲直径在 10 mm 以上的管子时.应在管子内灌满、灌紧干砂(灌砂时，应边灌边敲)，然后将管子两端用木塞塞紧，否则容易将管子弯瘪。如图 4 - 44 所示。

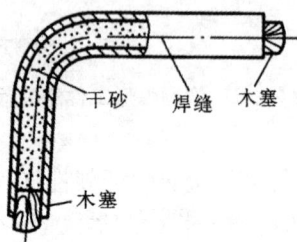

图 4 - 44　管子弯形方法

四、任务实施

(一)工件制作前的准备

1.材料准备(表 4 - 46)

表 4 - 46　制作挖斗材料清单

序号	材料名称	规格	数量	备注
1	Q235	90 mm×70 mm×102 mm	1 件	1 件/人
2	45	φ10 mm×6 mm	1 件	1 件/人

2.设备准备(表 4 - 47)

表 4 - 47　制作挖斗设备清单

序号	名称	规格	数量	序号	名称	规格	数量
1	划线(测量)平板	500 mm×400 mm	1 块/8 人	5	钳台		1 工位/人
2	方箱(靠铁)	100 mm×100 mm	与平板配套	6	台虎钳	200 mm	1 个/人
3	台式钻床	Z512	1 台/8 人	7	砂轮机	S3SL - 250	1 台
4	平口虎钳(带平行垫铁)	100 mm	与台钻配套				

3. 工具、量具、刃具准备(表4-48)

表4-48 制作挖斗工、量、刃具清单

序号	名称	规格	精度	数量	序号	名称	规格	精度	数量
1	游标高度尺	0~200 mm	0.02 mm	1把	14	锯条	中齿		2根
2	游标卡尺	0~150 mm	0.02 mm	1把	15	划规			1个
3	直角尺	100 mm×63 mm	一级	1把	16	划针	150 mm		1根
4	刀口尺	100 mm	一级	1把	17	钢板尺	200 mm		1把
5	万能角度尺	0~320°	2′	1把	18	样冲			1个
6	扁锉	300 mm	一号纹	1把	19	手锤	0.5 kg		1个
7	扁锉	250 mm	三号纹	1把	20	软钳口			1副
8	扁锉	100 mm	五号纹	1把	21	锉刀刷			1把
9	三角锉	150 mm	四号纹	1把	22	油漆刷	1寸~2寸		1把
10	塞尺	0.02~0.5 mm		1组	23	钻花	φ4 mm		1个
11	扁锉	300 mm	一号纹	1把	24	机油煤油			适量
12	整形锉	6支/组		1套	25	抹布棉纱			适量
13	锯弓	300 mm		1把	26	钻夹头	φ12 mm		1个

（二）工件制作步骤（表4-49）

表4-49　制作挖斗的操作步骤

序号	步骤	图示	操作内容及注意事项
1	检查毛坯		按图示检查毛坯 1）毛坯清理 2）检查毛坯尺寸 56 mm × 12 mm × 10 mm，$\phi 10 \times 6$ mm
2	划出加工线	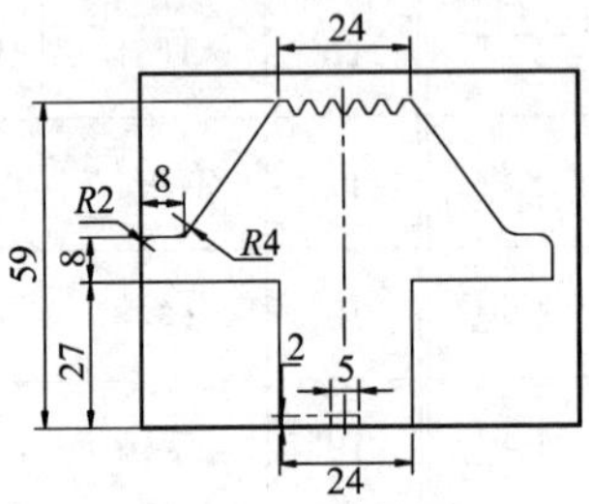	以两基准面为基准，划出加工轮廓线，按图示尺寸画出加工轮廓线
3	锯削		沿着加工线锯削，保留锉削余量
4	锉削	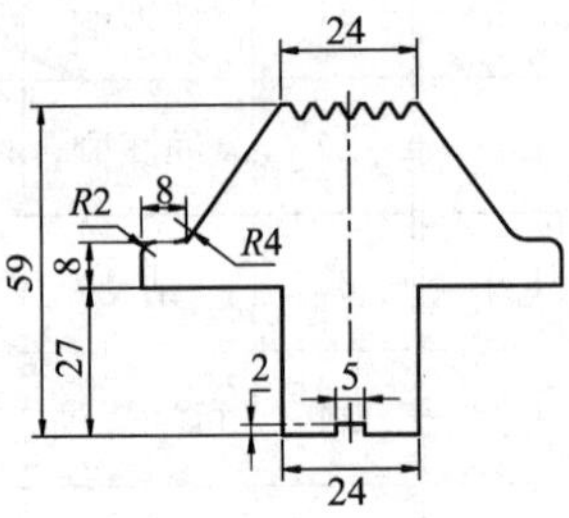	锉削各边至图示尺寸，同时利用滚锉法锉削圆弧 $R2$、$R4$，锉至要求尺寸
5	折弯	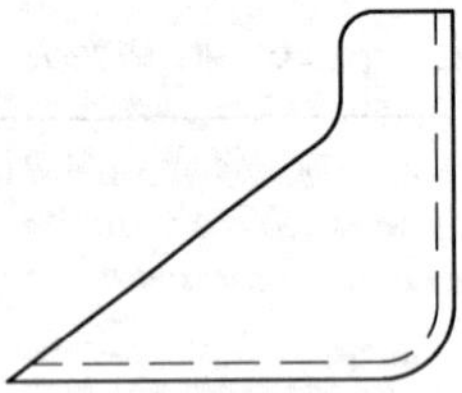	折弯完成斗形零件
6	定心		划线找出 $\phi 4$ 的中心，打上样冲眼
7	钻孔	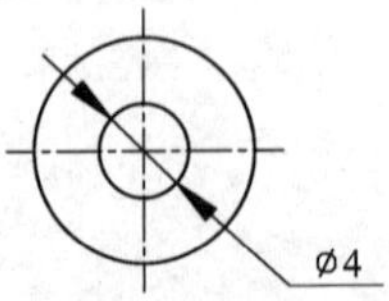	钻 $\phi 4$ 的孔
8	焊接		将步骤5折弯零件边缝进行焊接

136

续表 4-49

序号	步骤	图示	操作内容及注意事项
9	焊接	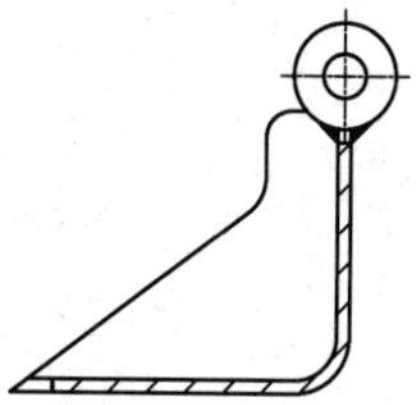	将步骤 7、8 中的两零件焊接在一起,保证焊接质量
10	修整		倒棱,去毛刺
11	交检		根据评分标准进行检查评分

(三)评价反馈(表 4-50)

表 4-50 制作挖斗的评分表

考核项目	考核内容	考核要求	配分	评分标准	得分
主要项目	尺寸精度	(32 ± 0.2) mm	20	每超差 0.1 mm 扣 3 分,超差 0.2 mm 不得分	
	尺寸精度	(26 ± 0.2) mm	20	每超差 0.1 mm 扣 3 分,超差 0.2 mm 不得分	
	尺寸精度	$5_{-0.1}^{0}$ mm	10	每超差 0.05 mm 扣 3 分,超差 0.04 mm 不得分	
	尺寸精度	$\phi 4$	10	每超差 0.01 mm 扣 2 分	
	尺寸精度	60°	15	每超差 5′扣 1 分	
	尺寸精度	24 mm	5	每超差 0.01 mm 扣 1 分	
一般项目	尺寸精度	$R4$	5	每超差 0.01 mm 扣 0.5 分	
	表面粗糙度	$Ra3.2$	10	超差不得分	
	尺寸精度	3 mm	5	每超差 0.01 mm 扣 0.2 分	
其他项目	安全	安全文明生产		不符合要求则从总分扣 1~50 分,发生较大事故者不得分	
	工具设备使用	正确、规范使用工、量、刃具及设备,并做到合理保养		不符合要求则从总分扣 1~10 分	
	其他	操作姿势		不符合要求则从总分扣 1~5 分	
		工艺正确		不符合要求则从总分扣 1~5 分	
工时定额	4 h			超 1 h 以上不得分	

模块五
操作技能综合训练

任务目标

【知识目标】

对钳工基本操作技能,常用量具的测量方法进行复习巩固。

【能力目标】

能够熟练选择合适的加工方法对零件进行加工,并能正确检测零件是否合格,达到图纸要求。

项目1　小赛车底盘的制作

一、任务描述

按图5-1所示要求完成零件制作。

二、任务实施

(一)工件制作前的准备

1. 材料准备(表5-1)

表5-1　制作赛车底盘材料清单

序号	材料名称	规格	数量	备注
1	Q235	62 mm×100 mm×10 mm	2件	2件/人

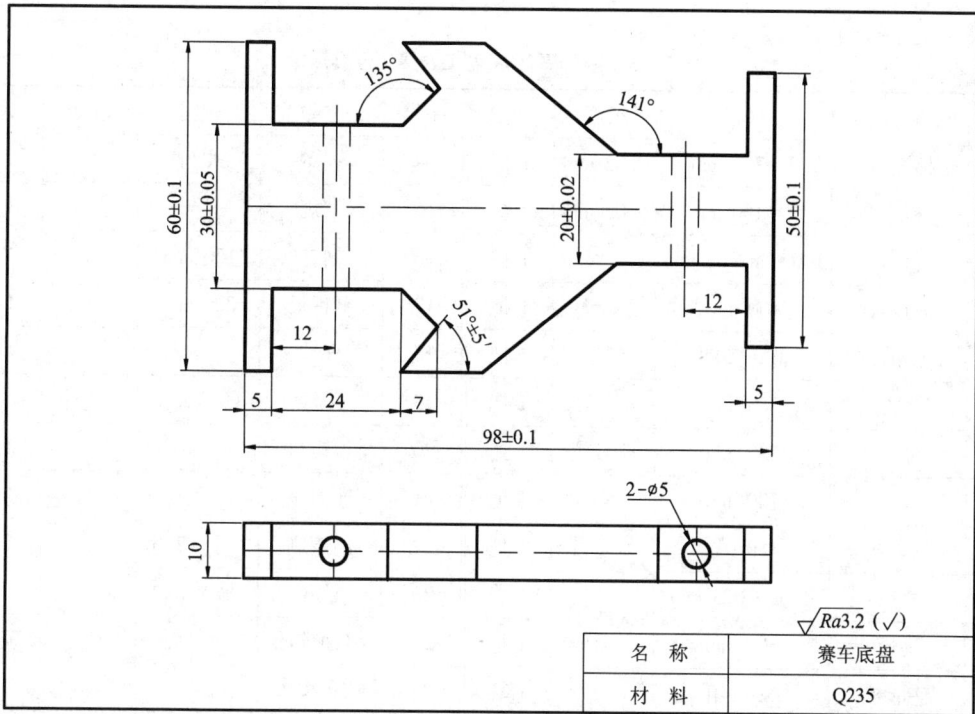

图 5 - 1　赛车底盘零件图

2.设备准备(表5-2)

表 5 - 2　制作赛车底盘设备清单

序号	名称	规格	数量	序号	名称	规格	数量
1	划线(测量)平板	500 mm×400 mm	1块/8 人	5	钳台		1 工位/人
2	方箱(靠铁)	100 mm×100 mm	与平板配套	6	台虎钳	200 mm	1 个/人
3	台式钻床	Z512	1 台/8 人	7	砂轮机		1 台
4	平口虎钳(带平行垫铁)	100 mm	与台钻配套				

3.工具、量具、刃具准备(表5-3)

表5-3 制作赛车底盘工、量、刃具清单

序号	名称	规格	精度	数量	序号	名称	规格	精度	数量
1	游标高度尺	0~200 mm	0.02 mm	1把	14	锯条	中齿		2根
2	游标卡尺	0~150 mm	0.02 mm	1把	15	划规			1个
3	直角尺	100 mm×63 mm	一级	1把	16	划针	150 mm		1根
4	刀口尺	100 mm	一级	1把	17	钢板尺	200 mm		1把
5	万能角度尺	0~320°	2′	1把	18	样冲			1个
6	扁锉	300 mm	一号纹	1把	19	手锤	0.5 kg		1个
7	扁锉	250 mm	三号纹	1把	20	软钳口			1副
8	扁锉	100 mm	五号纹	1把	21	锉刀刷			1把
9	三角锉	150 mm	四号纹	1把	22	油漆刷	1寸~2寸		1把
10	塞尺	0.02~0.5 mm		1组	23	钻花	ϕ5 mm		1个
11	扁锉	300 mm	一号纹	1把	24	机油煤油			适量
12	整形锉	6支/组		1套	25	抹布棉纱			适量
13	锯弓	300 mm		1把	26	钻夹头	ϕ12 mm		1个

(二)工件制作步骤(表5-4)

表5-4 制作赛车底盘的操作步骤

序号	步骤	图示	操作内容及注意事项
1	检查毛坯	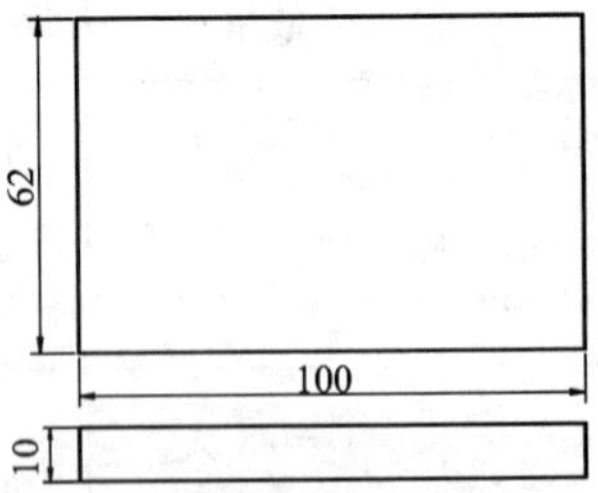	按图示检查毛坯 1)毛坯清理 2)检查毛坯尺寸
2	加工相邻两基准面	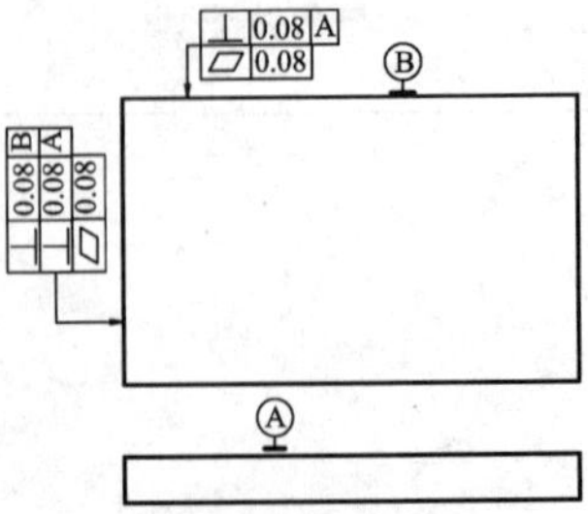	保证加工面与大平面、相邻面的垂直度要求 保证加工面的直线度与平面度

续表 5 – 4

序号	步骤	图示	操作内容及注意事项
3	划出加工线	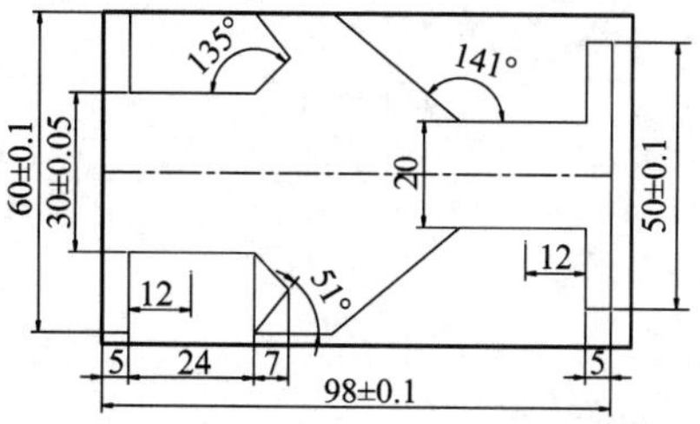	1）分别以两基准面为基准划出加工轮廓线，以两线交点为中心，打上样冲眼 2）带角度位置的斜线用钢直尺和划针划出
4	定心	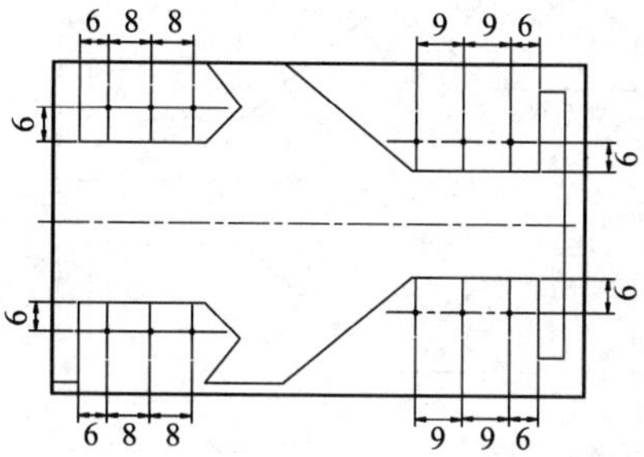	定钻排孔中心，注意留足锉削、錾削余量
5	钻排孔	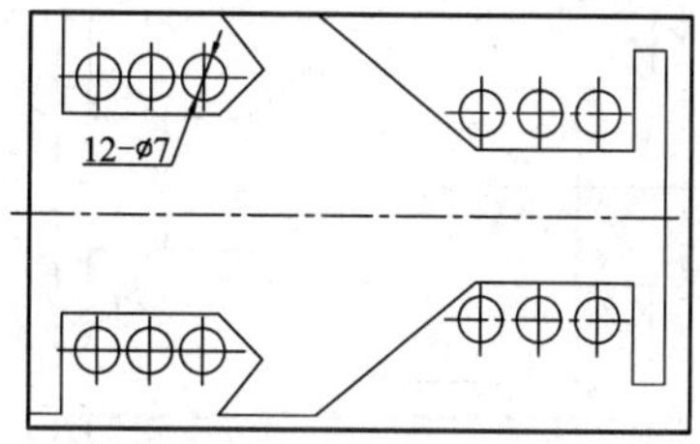	1）根据钻孔要求，先钻两角处孔，再钻中部孔 2）依次将四处需去除的位置钻好排孔
6	锯削		去除基准面远端多余材料，沿凹件中部凹形加工边线锯两条缝，并保留錾削余量
7	錾削		用錾子顶住排孔位置，通过锤击，将多余材料去除
8	锉削	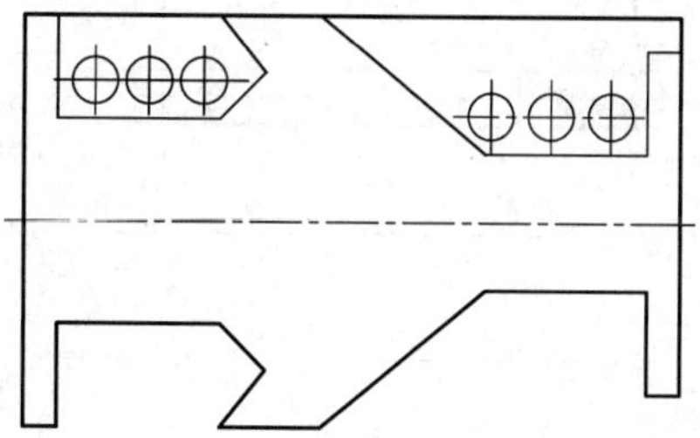	将錾削后的位置进行锉削，达到要求尺寸

序号	步骤	图示	操作内容及注意事项
9	锯削		去除基准面近端多余材料，沿凹件中部凹形加工边线，锯两条缝，并保留錾削余量
10	錾削		用錾子顶住排孔位置，通过捶击，将多余材料去除
11	锉削	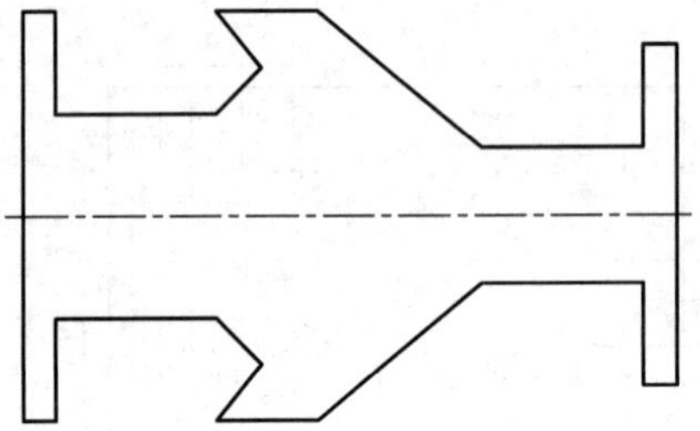	将錾削后的位置进行锉削，达到要求尺寸
12	定心	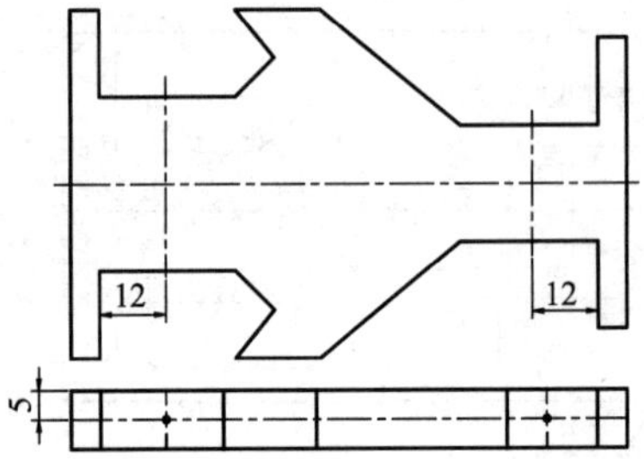	划线定 $\phi5$ 的中心，并打好样眼
13	钻孔	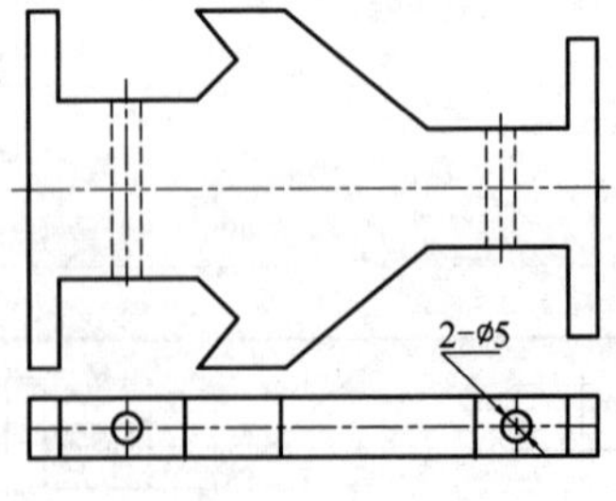	钻出 2 个通孔 $\phi5$
14	修整		倒棱，去毛刺
15	交检		根据评分标准进行检查评分

（三）评价反馈（表5－5）

表5－5　制作赛车底盘的评分表

考核项目	考核内容	考核要求	配分	评分标准	得分
主要项目	尺寸精度	(98±0.1)mm	6	每超差0.05 mm扣2分，超差0.15 mm不得分	
	尺寸精度	(60±0.1)mm	6	每超差0.05 mm扣2分，超差0.15 mm不得分	
	尺寸精度	(30±0.05)mm	6	每超差0.04 mm扣2分，超差0.15 mm不得分	
	尺寸精度	(50±0.1)mm	6	每超差0.05 mm扣2分，超差0.1 mm不得分	
	尺寸精度	(20±0.02)mm	8	每超差0.01 mm扣2分，超出0.04不得分	
	尺寸精度	51°±5′(2处)	10	超差不得分	
一般项目	尺寸精度	12 mm	7	每超差0.01 mm扣0.5分	
	表面粗糙度	Ra3.2	15	超差不得分	
	尺寸精度	φ5(2处)	10	每超差0.1 mm扣1分	
	尺寸精度	12 mm	7	每超差0.1 mm扣1分	
	尺寸精度	141°	8	每超差0.1′扣1分	
	尺寸精度	5 mm	5	每超差0.1 mm扣1分	
	尺寸精度	7 mm	5	每超差0.1 mm扣1分	
其他项目	安全	安全文明生产		不符合要求则从总分扣1~50分，发生较大事故者不得分	
	工具设备使用	正确、规范使用工、量、刃具及设备，并做到合理保养		不符合要求则从总分扣1~10分	
	其他	操作姿势		不符合要求则从总分扣1~5分	
		工艺正确		不符合要求则从总分扣1~5分	
工时定额	6 h			超1 h以上不得分	

项目2 小赛车驾驶室的制作

一、任务描述

按图5-2所示要求完成零件制作。

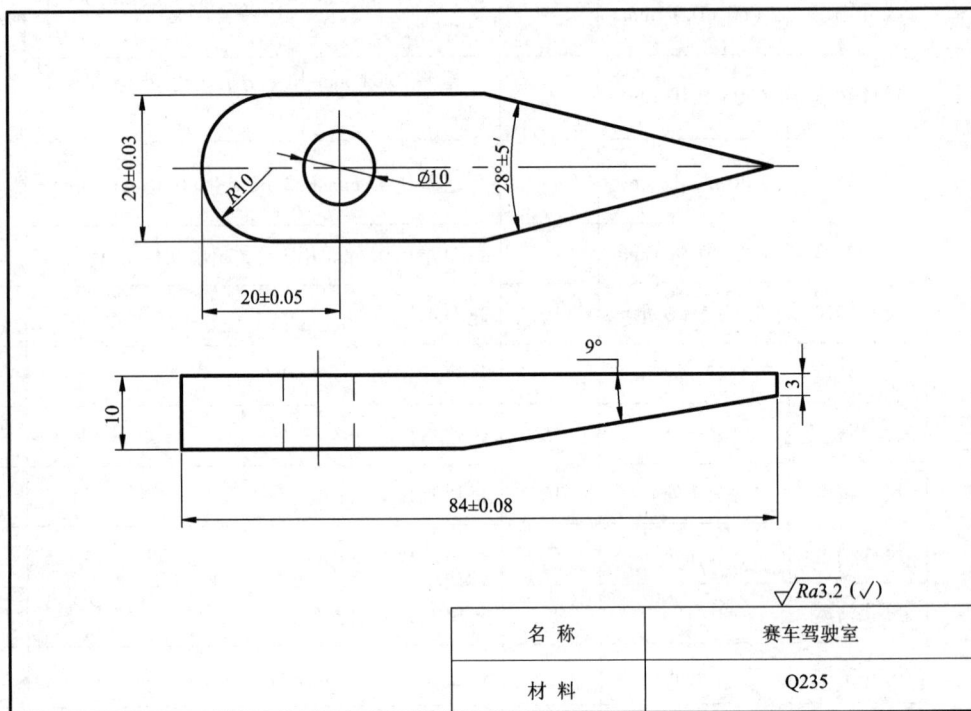

图5-2 赛车驾驶室零件图

二、任务实施

(一)工件制作前的准备

1. 材料准备(表5-6)

表5-6 制作赛车驾驶室材料清单

序号	材料名称	规格	数量	备注
1	Q235	86 mm × 22 mm × 10 mm	1件	1件/人

2.设备准备(表5-7)

表5-7　制作赛车驾驶室设备清单

序号	名称	规格	数量	序号	名称	规格	数量
1	划线(测量)平板	500 mm×400 mm	1块/8人	5	钳台		1工位/人
2	方箱(靠铁)	100 mm×100 mm	与平板配套	6	台虎钳	200 mm	1个/人
3	台式钻床	Z512	1台/8人	7	砂轮机		1台
4	平口虎钳(带平行垫铁)	100 mm	与台钻配套				

3.工具、量具、刃具准备(表5-8)

表5-8　制作赛车驾驶室工、量、刃具清单

序号	名称	规格	精度	数量	序号	名称	规格	精度	数量
1	游标高度尺	0~200 mm	0.02 mm	1把	16	锯条	中齿		2根
2	游标卡尺	0~150 mm	0.02 mm	1把	14	划规	150 mm		1个
3	直角尺	100 mm×63 mm	一级	1把	15	划针			1根
4	刀口尺	100 mm	一级	1把	17	钢板尺	200 mm		1把
5	万能角度尺	0~320°	2′	1把	18	样冲			1个
6	千分尺	50~75 mm	0.01 mm	1把	19	手锤	0.5 kg		1个
7	半径规	7.5~14.5 mm		1组	20	软钳口			1副
8	扁锉	300 mm	一号纹	1把	21	锉刀刷			1把
9	扁锉	250 mm	三号纹	1把	22	油漆刷	1寸~2寸		1把
10	扁锉	100 mm	五号纹	1把	23	机油煤油			适量
11	三角锉	150 mm	四号纹	1把	24	抹布棉纱			适量
12	锯弓	300 mm		1把	25	钻夹头	φ12 mm		1个
13	扁锉	300 mm	一号纹	1个	26	钻花	φ9 mm		1个

（二）工件制作步骤（表 5 - 9 ）

表 5 - 9　制作赛车驾驶室的操作步骤

序号	步骤	图示	操作内容及注意事项
1	检查毛坯	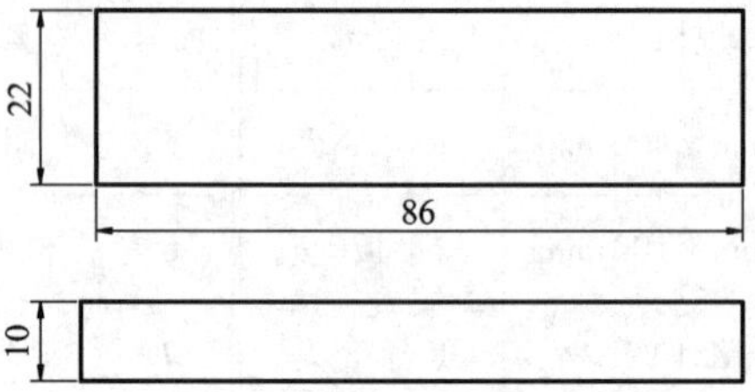	按图示检查毛坯 1）毛坯清理 2）检查毛坯尺寸
2	加工相邻两基准面	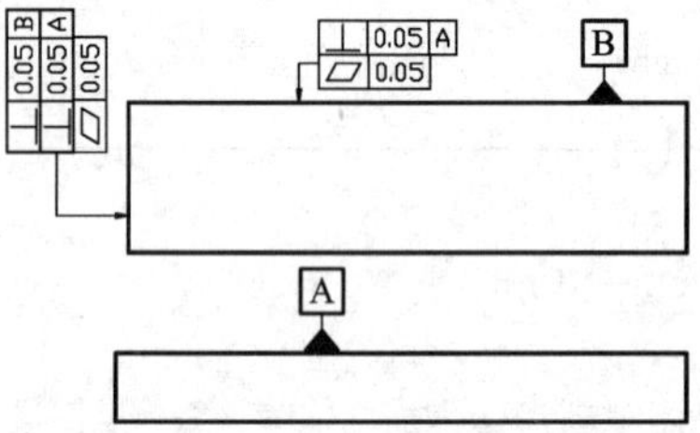	1）保证加工面与大平面、相邻面的垂直度要求 2）保证加工面的直线度与平面度要求
3	划出加工线	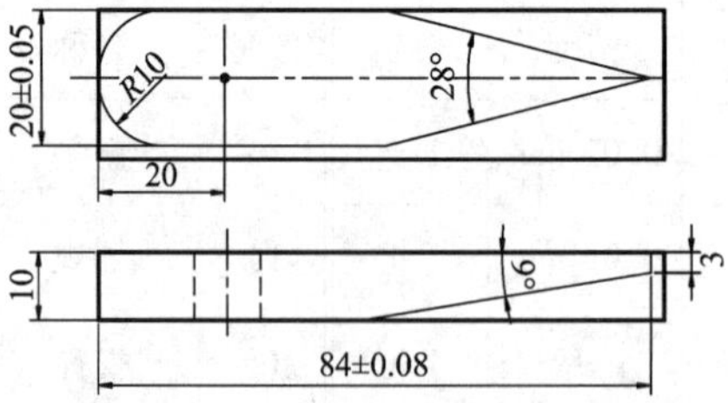	1）分别以两基准面为基准划出加工轮廓线，以两线交点为中心，打上样冲眼 2）带角度位置的斜线用钢直尺和划针划出
4	钻孔	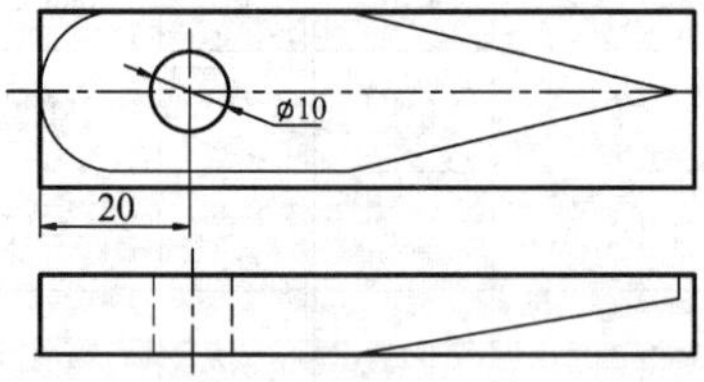	钻出 $\phi 10$ 的孔
5	锯削		去除角度 28°处多余材料
6	锉削		将锯削后的位置进行锉削，达到要求尺寸
7	锉削	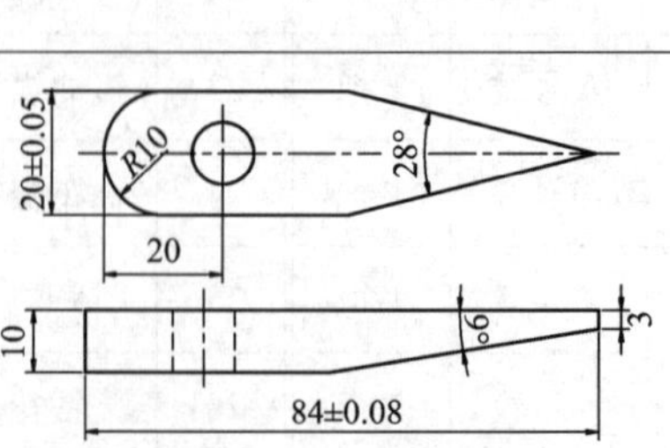	锉削圆弧 R10，达到要求
8	修整		倒棱，去毛刺
9	交检		根据评分标准进行检查评分

146

（三）评价反馈（表 5 – 10）

表 5 – 10 制作赛车驾驶室的评分表

考核项目	考核内容	考核要求	配分	评分标准	得分
主要项目	尺寸精度	(20 ± 0.05) mm	15	每超差 0.01 mm 扣 2 分，超差 0.03 mm 不得分	
	尺寸精度	(84 ± 0.08) mm	15	每超差 0.01 mm 扣 1 分，超差 0.03 mm 不得分	
	尺寸精度	(20 ± 0.03) mm	15	每超差 0.01 mm 扣 2 分，超差 0.03 mm 不得分	
	尺寸精度	$\phi 10$	10	每超差 0.01 mm 扣 1 分	
	尺寸精度	$28° \pm 5'$	15	每超差 1′扣 2 分，超差 3′不得分	
一般项目	表面粗糙度	$Ra3.2$	15	超差不得分	
	尺寸精度	$R10$（2 处）	10	每超差 0.1 mm 扣 1 分	
	尺寸精度	24	5	每超差 0.1 mm 扣 1 分	
其他项目	安全	安全文明生产		不符合要求则从总分扣 1 ~ 50 分，发生较大事故者不得分	
	工具设备使用	正确、规范使用工、量、刃具及设备，并做到合理保养		不符合要求则从总分扣 1 ~ 10 分	
	其他	操作姿势		不符合要求则从总分扣 1 ~ 5 分	
		工艺正确		不符合要求则从总分扣 1 ~ 5 分	
工时定额	3 h			超 1 h 以上不得分	

项目3 小赛车轮胎的制作

一、任务描述

按图 5 - 3 所示要求完成零件制作。

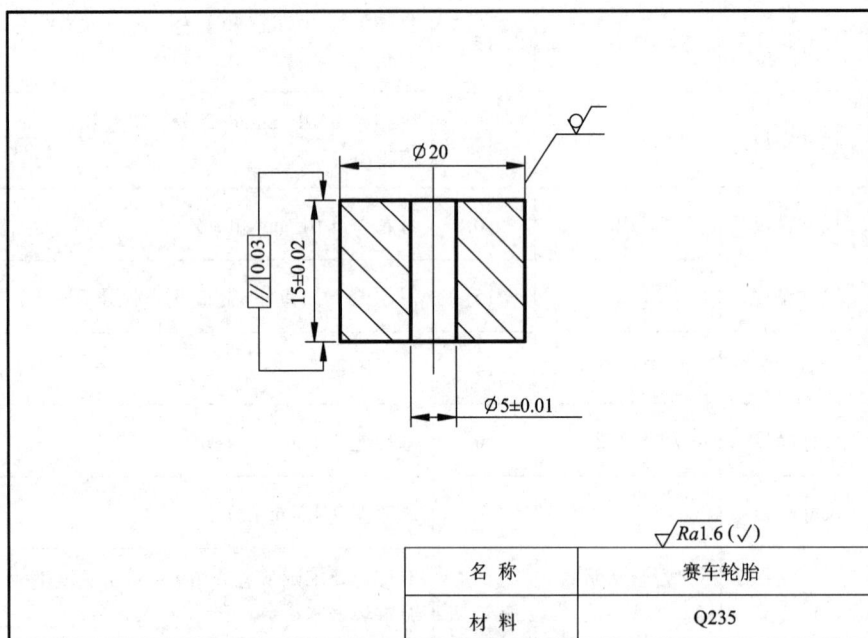

图 5 - 3 赛车轮胎零件图

二、任务实施

(一)工件制作前的准备

1.材料准备(表 5 - 11)

表 5 - 11 制作赛车轮胎材料清单

序号	材料名称	规格	数量	备注
1	Q235	$\phi 20$ mm × 72 mm	1 件	1 件/人

2. 设备准备（表 5 - 12）

表 5 - 12 制作赛车轮胎设备清单

序号	名称	规格	数量	序号	名称	规格	数量
1	划线（测量）平板	500 mm × 400 mm	1 块/8 人	5	钳台	800 mm	1 工位/人
2	方箱（靠铁）	100 mm × 100 mm	与平板配套	6	台虎钳	200 mm	1 个/人
3	台式钻床	Z512	1 台/8 人	7	砂轮机	S3SL - 250	1 台
4	平口虎钳（带平行垫铁）	100 mm	与台钻配套				

3. 工具、量具、刃具准备（表 5 - 13）

表 5 - 13 制作赛车轮胎工、量、刃具清单

序号	名称	规格	精度	数量	序号	名称	规格	精度	数量
1	游标高度尺	0 ~ 200 mm	0.02 mm	1 根	16	锯条	中齿		2 根
2	游标卡尺	0 ~ 150 mm	0.02 mm	1 把	17	划规	150 mm		1 个
3	直角尺	100 mm × 63 mm	一级	1 把	18	划针			1 根
4	刀口尺	100 mm	一级	1 把	19	钢板尺	200 mm		1 把
5	万能角度尺	0 ~ 320°	2′	1 把	20	样冲			1 个
6	千分尺	50 ~ 75 mm	0.01 mm	1 把	21	手锤	0.5 kg		1 个
7	塞尺	0.02 ~ 0.5 mm		1 组	22	软钳口			1 副
8	扁锉	300 mm	一号纹	1 把	23	锉刀刷			1 把
9	扁锉	250 mm	三号纹	1 把	24	油漆刷	1 寸 ~ 2 寸		1 把
10	扁锉	100 mm	五号纹	1 把	25	油石	自定截面		1 ~ 2 块
11	三角锉	150 mm	四号纹	1 把	26	机油煤油			适量
12	塞尺	0.02 ~ 0.5 mm		1 组	27	抹布棉纱			适量
13	扁锉	300 mm	一号纹	1 把	28	钻夹头	φ10 mm		1 个
14	整形锉	6 支/组		1 把	29	钻花	φ5 mm		1 个
15	锯弓	300 mm		1 把					

（二）工件制作步骤（表 5 – 14）

表 5 – 14　制作赛车轮胎的操作步骤

序号	步骤	图示	操作内容及注意事项
1	检查毛坯	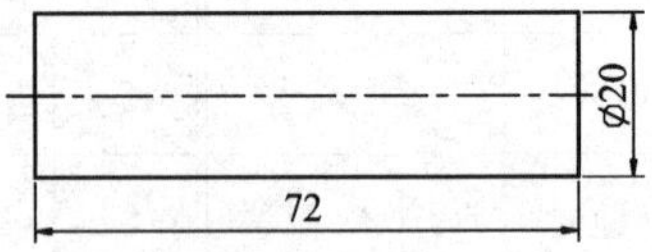	按图示检查毛坯 1）毛坯清理 2）检查毛坯尺寸
2	划出加工线	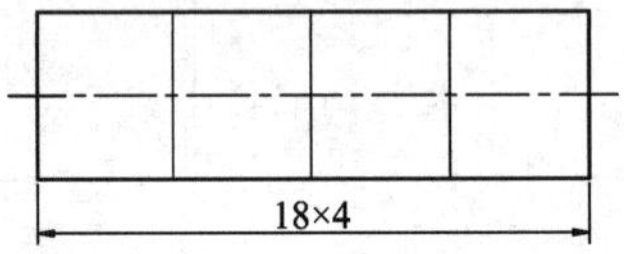	按轮胎宽度要求，分别划出锯削边界线，并保留 1 mm 锉削余量
3	锯削	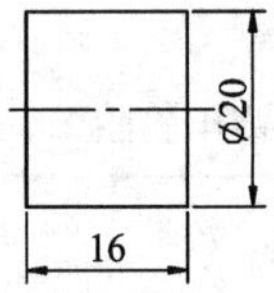	按要求锯出轮胎毛坯
4	锉削基准面	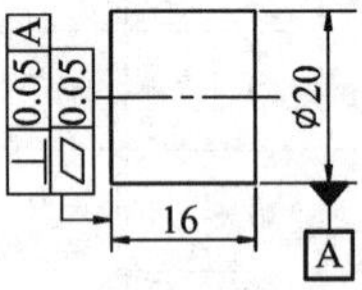	保证加工面与相邻面圆柱的垂直度要求
5	锉削	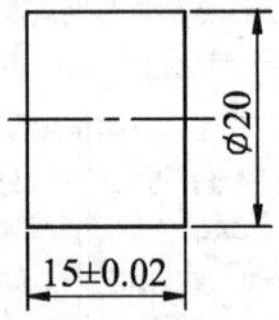	锉削基准面的对面，至要求
6	定心		定钻孔中心
7	钻孔		钻 $\phi 4.9$ 的孔
8	铰孔	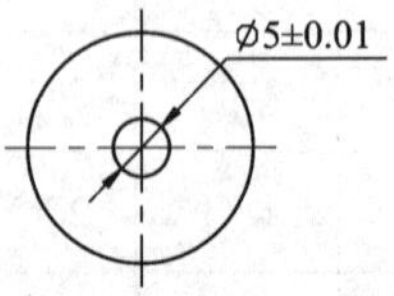	用铰刀扩孔，达到图纸要求
9	修整		倒棱，去毛刺
10	交检		根据评分标准进行检查评分

150

（三）评价反馈（表 5 - 15）

表 5 - 15　制作赛车轮胎的评分表

考核项目	考核内容	考核要求	配分	评分标准	得分
主要项目	尺寸精度	$\phi 5 \pm 0.01$	25	每超差 0.01 mm 扣 4 分，超差 0.03 mm 不得分	
	尺寸精度	(15 ± 0.02) mm	25	每超差 0.01 mm 扣 3 分，超差 0.04 mm 不得分	
一般项目	表面粗糙度	$Ra1.6$	25	超差不得分	
	平行度	⫽ 0.03	25	每超差 0.01 mm 扣 3 分	
其他项目	安全	安全文明生产		不符合要求则从总分扣 1～50 分，发生较大事故者不得分	
	工具设备使用	正确、规范使用工、量、刃具及设备，并做到合理保养		不符合要求则从总分扣 1～10 分	
	其他	操作姿势		不符合要求则从总分扣 1～5 分	
		工艺正确		不符合要求则从总分扣 1～5 分	
工时定额	3 h			超 1 h 以上不得分	

国家职业技能考证综合训练题

试题一　菱形锁片（初级）

技术要求：

1. 用 $t=6$ 的 Q235 钢板加工，上下两底面不加工；
2. 菱形加工好后，检验尺寸 (96±0.04) mm。

$\sqrt{Ra1.6}$ ($\sqrt{}$)

名　称	菱形锁片
等　级	初　级
时　间	4小时

钳工初级工操作考件评分表

考件编号：_____   总分：_____

考核项目	考核内容	考核要求	配分	评分标准	得分
主要项目	尺寸精度	(96 ± 0.04) mm	15	每超差 0.01 mm 扣 3 分，超差 0.03 mm 不得分	
	尺寸精度	(50 ± 0.08) mm	20	每超差 0.01 mm 扣 3 分，超差 0.03 mm 不得分	
	尺寸精度	$R5_{0}^{+0.08}$ mm （2 处）	20	每超差 0.01 扣 3 分，超差 0.03 mm 不得分	
	尺寸精度	$6_{0}^{+0.05}$ mm	15	每超差 0.01 mm 扣 3 分，超差 0.03 mm 不得分	
	尺寸精度	$22_{0}^{+0.08}$ mm	20	每超差 0.01 mm 扣 3 分，超差 0.03 mm 不得分	
	表面粗糙度	$Ra1.6$	10	Ra 值大 1 级扣 0.5 分	
其他项目	安全	安全文明生产		不符合要求则从总分扣 1~50 分，发生较大事故者不得分	
	工具设备使用	正确、规范使用工、量、刃具及设备，并做到合理保养		不符合要求则从总分扣 1~10 分	
	其他	操作姿势		不符合要求则从总分扣 1~5 分	
		工艺正确		不符合要求则从总分扣 1~5 分	
工时定额	4 h			超 1 h 以上不得分	

试题二 定位模(初级)

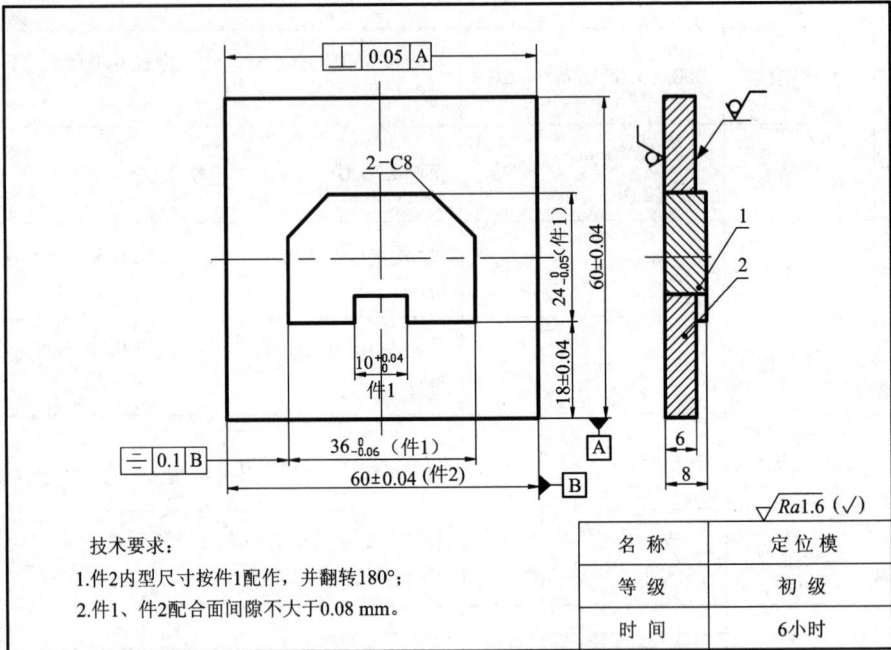

技术要求：

1.件2内型尺寸按件1配作，并翻转180°；

2.件1、件2配合面间隙不大于0.08 mm。

名 称	定 位 模
等 级	初 级
时 间	6小时

钳工初级工操作考件评分表

考件编号：_____   总分：_____

考核项目	考核内容	考核要求	配分	评分标准	得分
主要项目	尺寸精度	$24_{-0.05}^{0}$ mm	6	每超差 0.01 mm 扣 3 分，超差 0.03 mm 不得分	
	尺寸精度	$36_{-0.06}^{0}$ mm	6	每超差 0.01 mm 扣 3 分，超差 0.03 mm 不得分	
	尺寸精度	18 ± 0.04 mm	4	每超差 0.01 mm 扣 3 分，超差 0.03 mm 不得分	
	尺寸精度	$8 \times 45°$（2 处）	8	超差不得分	
	尺寸精度	$10_{0}^{+0.04}$ mm	8	超差不得分	
	尺寸精度	60 ± 0.04（2 处）	7	超差不得分	
	技术要求	技术要求 2	30	每超差 0.01 mm 扣 3 分	
一般项目	垂直度	⊥ 0.05 A	6	超差不得分	
	表面粗糙度	$Ra1.6$（14 处）	14	Ra 值大 1 级扣 0.5 分	
	对称度	⚌ 0.01 B	8	超差不得分	
其他项目	安全	安全文明生产		不符合要求则从总分扣 1～50 分，发生较大事故者不得分	
	工具设备使用	正确、规范使用工、量、刃具及设备，并做到合理保养		不符合要求则从总分扣 1～10 分	
	其他	操作姿势		不符合要求则从总分扣 1～5 分	
		工艺正确		不符合要求则从总分扣 1～5 分	
工时定额	6 h			超 1 h 以上不得分	

试题三　拼块内六方（初级）

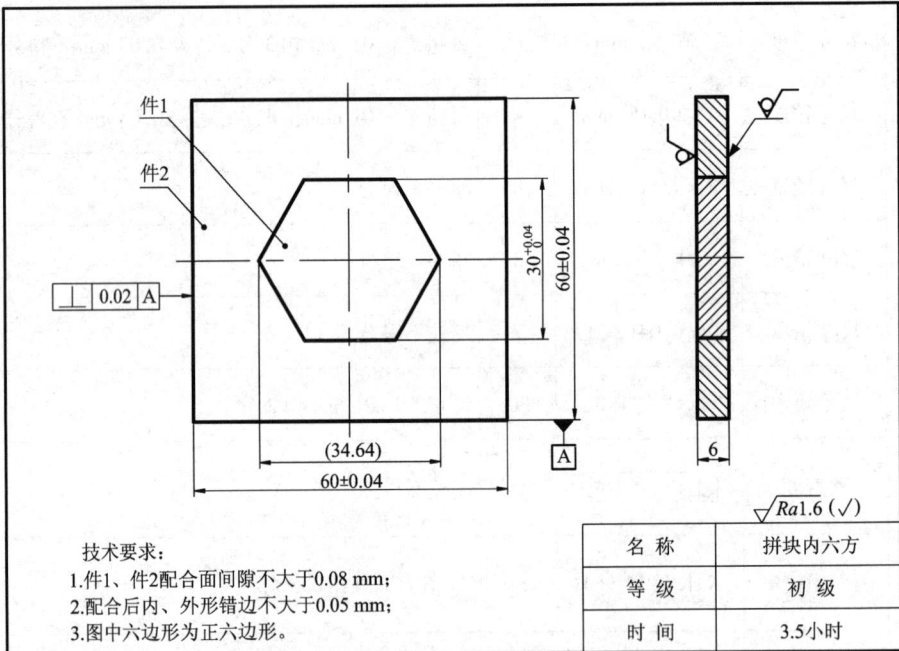

件1

件2

$\perp$ | 0.02 | A

$30^{+0.04}_{0}$

60 ± 0.04

(34.64)

60 ± 0.04

A

6

$\sqrt{Ra1.6}$ $(\sqrt{})$

技术要求：
1.件1、件2配合面间隙不大于0.08 mm；
2.配合后内、外形错边不大于0.05 mm；
3.图中六边形为正六边形。

名　称	拼块内六方
等　级	初　级
时　间	3.5小时

钳工初级工操作考件评分表

考件编号：_____　　　　　　　　　　　　　　　　　　　　　　　总分：_____

考核项目	考核内容	考核要求	配分	评分标准	得分
主要项目	尺寸精度	$30^{+0.04}_{0}$ mm（3 处）	30	每超差 0.01 mm 扣 3 分，超差 0.03 mm 不得分	
	尺寸精度	36.64 mm（3 处）	6	超差不得分	
	尺寸精度	$120°\pm5'$（6 处）	18	每超差 1′扣 3 分，超差 3′不得分	
	尺寸精度	(60 ± 0.04) mm（2 处）	12	超差不得分	
	技术要求	技术要求 1	8	每超差 0.01 mm 扣 3 分	
		技术要求 2	13	每超差 0.01 mm 扣 3 分	
一般项目	垂直度	⊥ 0.02 A	4	超差不得分	
	表面粗糙度	$Ra1.6$（14 处）	14	Ra 值大 1 级扣 0.5 分	
其他项目	安全	安全文明生产		不符合要求则从总分扣 1~50 分，发生较大事故者不得分	
	工具设备使用	正确、规范使用工、量、刃具及设备，并做到合理保养		不符合要求则从总分扣 1~10 分	
	其他	操作姿势		不符合要求则从总分扣 1~5 分	
		工艺正确		不符合要求则从总分扣 1~5 分	
工时定额	3.5 h			超 1 h 以上不得分	

试题四 角度 R 样板(初级)

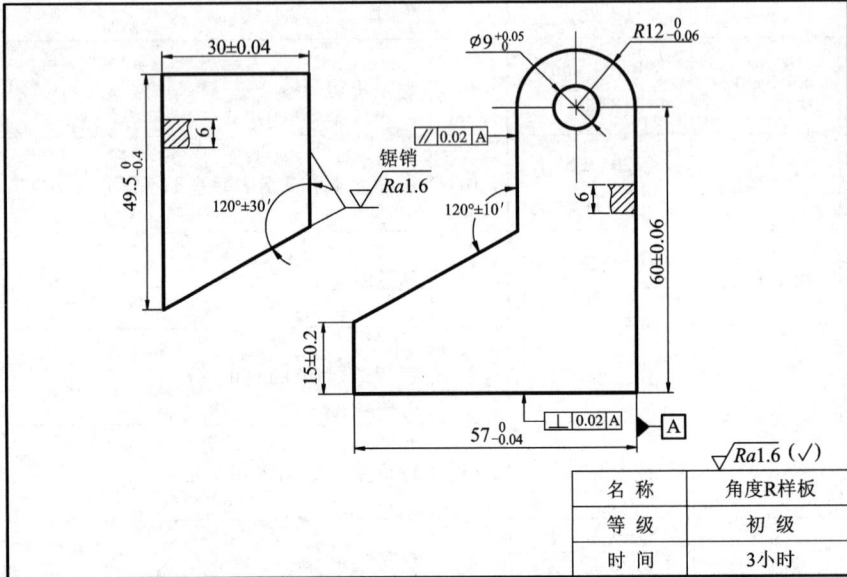

名 称	角度R样板
等 级	初 级
时 间	3小时

钳工初级工操作考件评分表

考件编号：_____   总分：_____

考核项目	考核内容	考核要求	配分	评分标准	得分
主要项目	尺寸精度	$57_{-0.04}^{\ 0}$ mm	14	每超差 0.01 mm 扣 3 分，超差 0.03 mm 不得分	
	尺寸精度	$120° \pm 10'$	15	每超差 1′ 扣 3 分，超差 3′ 不得分	
	尺寸精度	$120° \pm 30'$	15	每超差 10′ 扣 3 分，超差 30′ 不得分	
	尺寸精度	(60 ± 0.06) mm	14	超差不得分	
	尺寸精度	(15 ± 0.2) mm	10	超差不得分	
	尺寸精度	(30 ± 0.04) mm	4	超差不得分	
	尺寸精度	$R12_{-0.06}^{\ 0}$	8	每超差 0.01 mm 扣 2 分，超差 0.03 mm 不得分	
	尺寸精度	$\phi 9_{0}^{+0.05}$	4	超差不得分	
一般项目	垂直度	⊥ 0.02 A	5	超差不得分	
	平行度	∥ 0.02 A	6	超差不得分	
	表面粗糙度	$Ra1.6$（9 处）	9	Ra 值大 1 级扣 0.5 分	
	表面粗糙度	$Ra50$（2 处）	2	Ra 值大 1 级扣 0.5 分	
	尺寸精度	$49.5_{-0.4}^{\ 0}$ mm	6	超差不得分	
其他项目	安全	安全文明生产		不符合要求则从总分扣 1~50 分，发生较大事故者不得分	
	工具设备使用	正确、规范使用工、量、刃具及设备，并保养		不符合要求则从总分扣 1~10 分	
	其他	操作姿势		不符合要求则从总分扣 1~5 分	
		工艺正确		不符合要求则从总分扣 1~5 分	
工时定额	3 h			超 1 h 以上不得分	

试题五　单槽配（中级）

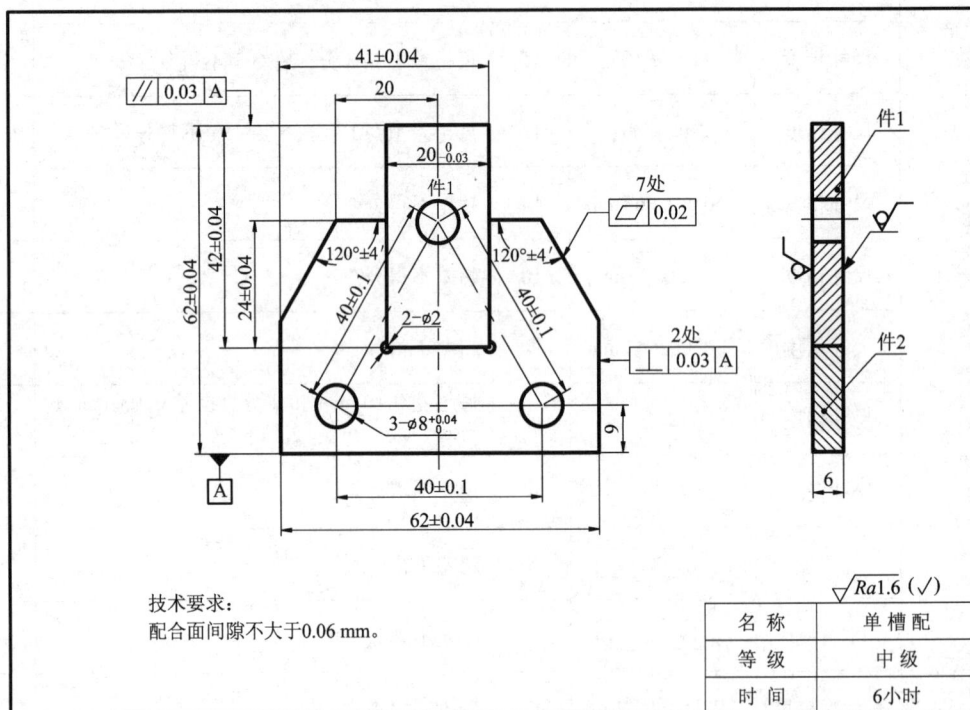

技术要求：
配合面间隙不大于0.06 mm。

名　称	单槽配
等　级	中级
时　间	6小时

160

钳工中级工操作考件评分表

考件编号：_____ 总分：_____

考核项目	考核内容	考核要求	配分	评分标准	得分
主要项目	配合间隙	≤0.06 mm	28	每超差 0.01 mm 扣 2 分	
	尺寸精度	$20_{-0.03}^{0}$ mm	4	每超差 0.01 mm 扣 1 分	
	尺寸精度	(24±0.04) mm	3	每超差 0.01 mm 扣 3 分，超差 0.03 mm 不得分	
	尺寸精度	(62±0.04) mm (2 处)	4	每超差 0.01 mm 扣 3 分，超差 0.03 mm 不得分	
	尺寸精度	(42±0.04) mm	4	每超差 0.01 mm 扣 3 分，超差 0.03 mm 不得分	
	尺寸精度	(40±0.1) mm (3 处)	9	每超差 0.01 mm 扣 0.5 分，超差 0.05 mm 不得分	
	尺寸精度	120°±4′ (2 处)	14	每超差 1′扣 3 分，超差 3′不得分	
	表面粗糙度	Ra1.6 (15 处)	7.5	Ra 值大 1 级扣 0.5 分	
一般项目	尺寸精度	$\phi 8_{0}^{+0.04}$ (3 处)	9	每超差 0.01 mm 扣 0.5 分	
	尺寸精度	▱ 0.02 (7 处)	10.5	每超差 0.01 mm 扣 0.5 分，超差 0.1 mm 不得分	
	尺寸精度	⊥ 0.03 A (2 处)	2	每超差 0.01 mm 扣 0.2 分，超差 0.1 mm 不得分	
	尺寸精度	∥ 0.03 A	2	每超差 0.01 mm 扣 1 分，超差 0.1 mm 不得分	
其他项目	安全	安全文明生产		不符合要求则从总分扣 1～50 分，发生较大事故者不得分	
	工具设备使用	正确、规范使用工、量、刃具及设备，并做到合理保养		不符合要求则从总分扣 1～10 分	
	其他	操作姿势		不符合要求则从总分扣 1～5 分	
		工艺正确		不符合要求则从总分扣 1～5 分	
工时定额	6 h			超 1 h 以上不得分	

试题六　组合三角(中级)

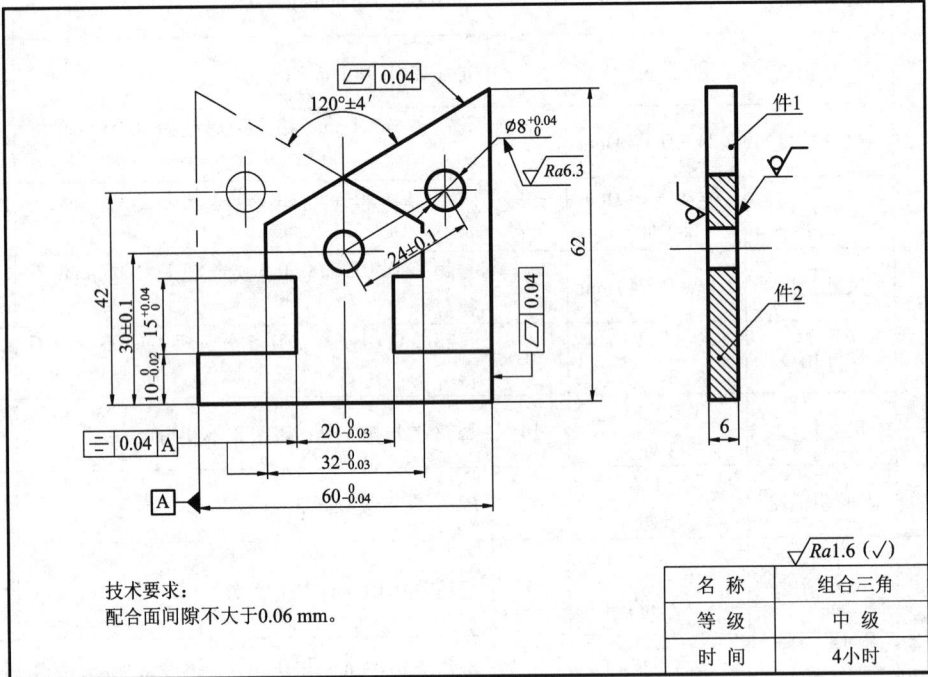

技术要求：
配合面间隙不大于0.06 mm。

名　称	组合三角
等　级	中级
时　间	4小时

钳工中级工操作考件评分表

考件编号：_____　　　　　　　　　　　　　　　　　　　　　　　总分：_____

考核项目	考核内容	考核要求	配分	评分标准	得分
主要项目	配合间隙	≤0.06 mm	23	每超差 0.01 mm 扣 2 分	
	尺寸精度	120°±4′	14	每超差 1′扣 1 分	
	尺寸精度	$20_{-0.03}^{0}$ mm	3	每超差 0.01 mm 扣 3 分，超差 0.03 mm 不得分	
	尺寸精度	$32_{-0.03}^{0}$ mm	3	每超差 0.01 mm 扣 3 分，超差 0.03 mm 不得分	
	尺寸精度	$60_{-0.04}^{0}$ mm	3	每超差 0.01 mm 扣 3 分，超差 0.03 mm 不得分	
	尺寸精度	$10_{-0.02}^{0}$ mm	6	每超差 0.01 mm 扣 0.5 分，超差 0.05 mm 不得分	
	尺寸精度	(30±0.1)mm	2	超差不得分	
	尺寸精度	$15_{0}^{+0.04}$ mm	3	超差不得分	
	尺寸精度	(24±0.1)mm	3	超差不得分	
	表面粗糙度	Ra1.6(20 处)	12	Ra 值大 1 级扣 0.5 分	
一般项目	尺寸精度	$\phi8_{0}^{+0.04}$ (2 处)	6	每超差 0.01 mm 扣 0.5 分	
	尺寸精度	⟋ 0.04 (2 处)	16	每超差 0.01 mm 扣 0.5 分，超差 0.1 mm 不得分	
	尺寸精度	⬭ 0.04 A	6	每超差 0.01 mm 扣 0.2 分，超差 0.1 mm 不得分	
其他项目	安全	安全文明生产		不符合要求则从总分扣 1~50 分，发生较大事故者不得分	
	工具设备使用	正确、规范使用工、量、刃具及设备，并做到合理保养		不符合要求则从总分扣 1~10 分	
	其他	操作姿势		不符合要求则从总分扣 1~5 分	
		工艺正确		不符合要求则从总分扣 1~5 分	
工时定额	4 h			超 1 h 以上不得分	

试题七　凸凹直槽间接配(中级)

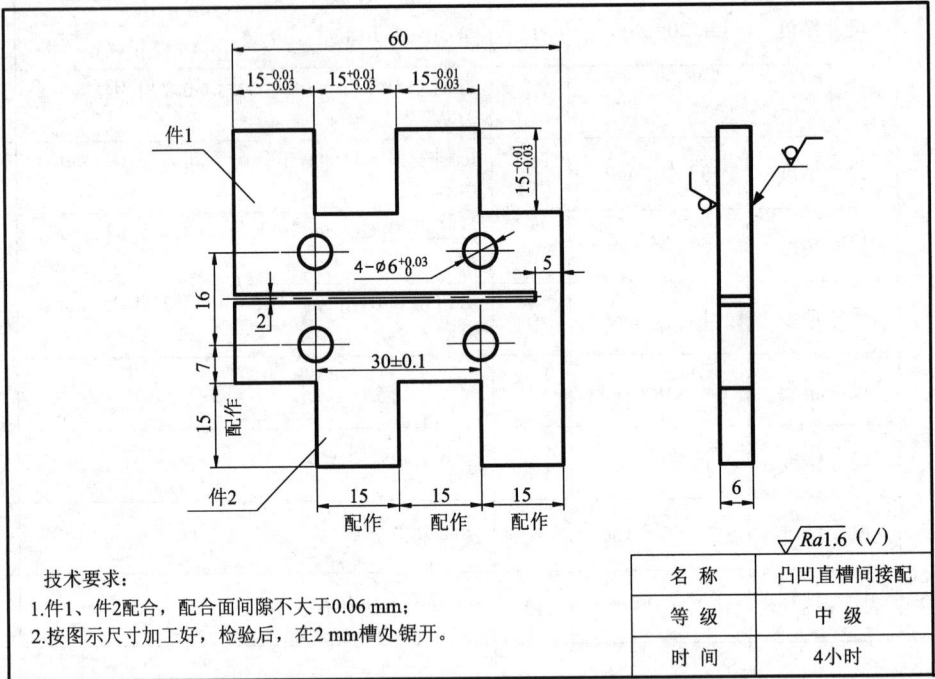

技术要求：
1.件1、件2配合，配合面间隙不大于0.06 mm；
2.按图示尺寸加工好，检验后，在2 mm槽处锯开。

名　称	凸凹直槽间接配
等　级	中级
时　间	4小时

钳工中级工操作考件评分表

考件编号：_____　　　　　　　　　　　　　　　　　　　　　　总分：_____

考核项目	考核内容	考核要求	配分	评分标准	得分
主要项目	技术要求	技术要求 1	40	每超差 0.01 mm 扣 4 分	
	尺寸精度	$15_{-0.03}^{-0.01}$ mm（3 处）	24	每超差 0.01 mm 扣 1 分	
	尺寸精度	$15_{-0.03}^{+0.01}$ mm	8	每超差 0.01 mm 扣 3 分，超差 0.03 mm 不得分	
	尺寸精度	$\phi6_{0}^{+0.03}$	8	每超差 0.01 扣 3 分，超差 0.03 mm 不得分	
	尺寸精度	(30 ± 0.1) mm	5	每超差 0.01 mm 扣 3 分，超差 0.03 mm 不得分	
一般项目	尺寸精度	IT12（10 处）	5	每超差 0.01 mm 扣 0.5 分，超差 0.05 mm 不得分	
	表面粗糙度	$Ra1.6$（20 处）	10	Ra 值大 1 级扣 0.5 分	
其他项目	安全	安全文明生产		不符合要求则从总分扣 1~50 分，发生较大事故者不得分	
	工具设备使用	正确、规范使用工、量、刃具及设备，并做到合理保养		不符合要求则从总分扣 1~10 分	
	其他	操作姿势		不符合要求则从总分扣 1~5 分	
		工艺正确		不符合要求则从总分扣 1~5 分	
工时定额	4 h			超 1 h 以上不得分	

试题八　双燕尾组合(中级)

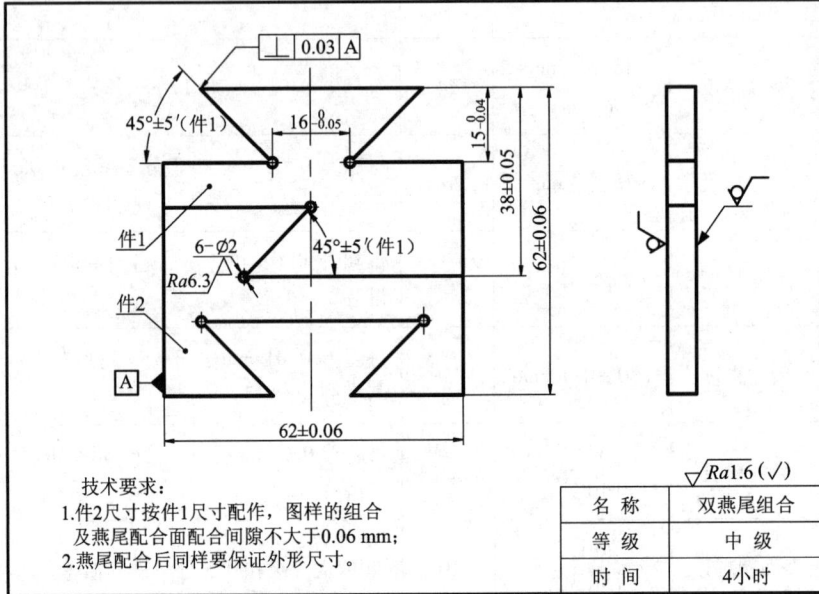

技术要求:
1.件2尺寸按件1尺寸配作,图样的组合
　及燕尾配合面配合间隙不大于0.06 mm;
2.燕尾配合后同样要保证外形尺寸。

名　称	双燕尾组合
等　级	中　级
时　间	4小时

钳工中级工操作考件评分表

考件编号：＿＿＿＿＿＿　　　　　　　　　　　　　　　　　　　　　　　总分：＿＿＿＿＿＿

考核项目	考核内容	考核要求	配分	评分标准	得分
主要项目	技术要求	技术要求1	25	每超差0.01 mm扣2分	
	尺寸精度	45°±5′（3处）	12	每超差1′扣1分	
	尺寸精度	15 $_{-0.04}^{0}$ mm	8	每超差0.01 mm扣3分，超差0.03 mm不得分	
	尺寸精度	16 $_{-0.05}^{0}$ mm	14	每超差0.01 mm扣3分，超差0.03 mm不得分	
	尺寸精度	（38±0.05）mm	5	每超差0.01 mm扣3分，超差0.03 mm不得分	
	尺寸精度	（62±0.06）mm（2处）	14	每超差0.01 mm扣0.5分，超差0.05 mm不得分	
	尺寸精度	$\phi2$（6处）	2.5	超差不得分	
	尺寸精度	⊥ 0.03 A	6	超差不得分	
	表面粗糙度	Ra1.6（20处）	13.5	Ra值大1级扣0.5分	
其他项目	安全	安全文明生产		不符合要求则从总分扣1~50分，发生较大事故者不得分	
	工具设备使用	正确、规范使用工、量、刃具及设备，并做到合理保养		不符合要求则从总分扣1~10分	
	其他	操作姿势		不符合要求则从总分扣1~5分	
		工艺正确		不符合要求则从总分扣1~5分	
工时定额	4 h			超1 h以上不得分	

试题九　组合样板(高级)

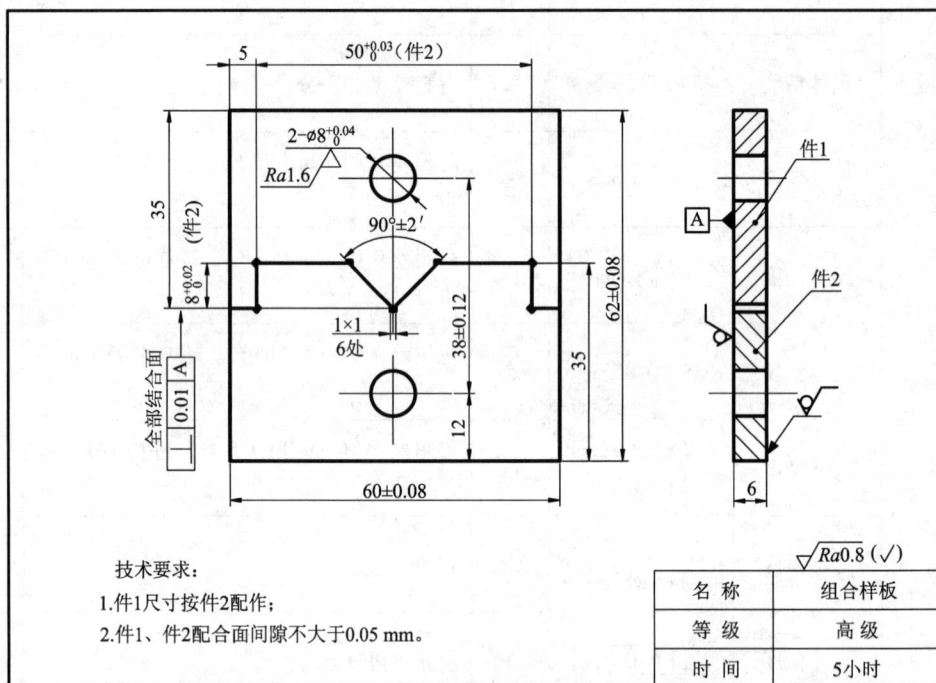

技术要求:
1.件1尺寸按件2配作;
2.件1、件2配合面间隙不大于0.05 mm。

名　称	组合样板
等　级	高级
时　间	5小时

钳工高级工操作考件评分表

考件编号：_____　　　　　　　　　　　　　　　　　　　　　　　　总分：

考核项目	考核内容	考核要求	配分	评分标准	得分
主要项目	配合间隙	≤0.04 mm	20	每超差 0.01 mm 扣 3 分，超差 0.03 mm 不得分	
	尺寸精度	(38 ± 0.12) mm	5	超差不得分	
	尺寸精度	(62 ± 0.08) mm	5	超差不得分	
	垂直度	⊥ 0.01 A	6	超差不得分	
	尺寸精度	$\phi 8^{+0.04}_{0}$ mm （2 处）	8	每超差 0.01 mm 扣 3 分，超差 0.03 mm 不得分	
	尺寸精度	$8^{+0.02}_{0}$ mm	7	每超差 0.01 mm 扣 3 分，超差 0.03 mm 不得分	
	角度公差	90° ± 2′	14	每超差 1′ 扣 4 分，超差 4′ 不得分	
	尺寸精度	$50^{+0.03}_{0}$	8	每超差 0.01 mm 扣 3 分，超差 0.03 mm 不得分	
一般项目	尺寸精度	(62 ± 0.08) mm	4	超差不得分	
	尺寸精度	(60 ± 0.08) mm	6	超差不得分	
	表面粗糙度	Ra0.8	17	Ra 大 1 级扣 0.5 分	
其他项目	安全	安全文明生产		不符合要求则从总分扣 1 ~ 50 分，发生较大事故者不得分	
	工具设备使用	正确、规范使用工、量、刃具及设备，并做到合理保养		不符合要求则从总分扣 1 ~ 10 分	
	其他	操作姿势		不符合要求则从总分扣 1 ~ 5 分	
		工艺正确		不符合要求则从总分扣 1 ~ 5 分	
工时定额	5 h			超 1 h 以上不得分	

试题十 凸凹燕尾对配(高级)

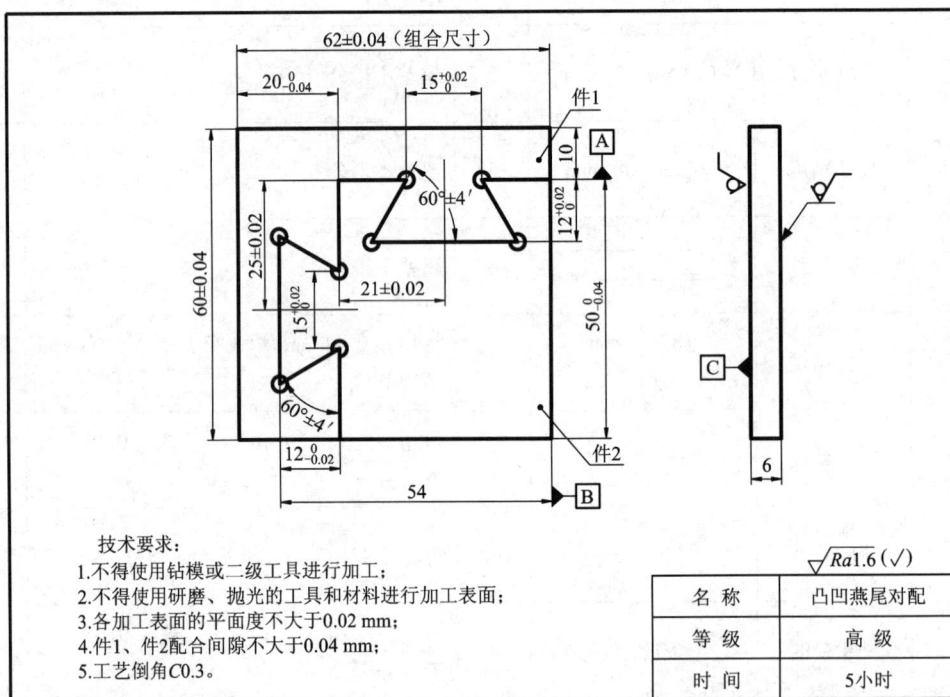

技术要求:
1.不得使用钻模或二级工具进行加工;
2.不得使用研磨、抛光的工具和材料进行加工表面;
3.各加工表面的平面度不大于0.02 mm;
4.件1、件2配合间隙不大于0.04 mm;
5.工艺倒角C0.3。

$\sqrt{Ra1.6}(\sqrt{})$

名 称	凸凹燕尾对配
等 级	高级
时 间	5小时

钳工高级工操作考件评分表

考件编号：＿＿＿＿＿＿　　　　　　　　　　　　　　　　　　　　总分：＿＿＿＿＿＿

考核项目	考核内容	考核要求	配分	评分标准	得分
主要项目	配合间隙	≤0.04 mm	24	每超差 0.01 mm 扣 2 分	
	尺寸精度	$60° \pm 4'$（4 处）	20	每超差 1′扣 1 分	
	尺寸精度	(21 ± 0.02) mm	6	每超差 0.01 mm 扣 3 分，超差 0.03 mm 不得分	
	尺寸精度	$12_{0}^{+0.02}$ mm	5	每超差 0.01 mm 扣 2 分，超差 0.03 mm 不得分	
	尺寸精度	$12_{-0.02}^{0}$ mm	5	每超差 0.01 扣 2 分，超差 0.03 mm 不得分	
	尺寸精度	(25 ± 0.02) mm	6	每超差 0.01 mm 扣 2 分，超差 0.05 mm 不得分	
	尺寸精度	$20_{-0.04}^{0}$ mm	4	超差不得分	
一般项目	尺寸精度	$50_{-0.04}^{0}$ mm	4	超差不得分	
	尺寸精度	(60 ± 0.04) mm	6	超差不得分	
	尺寸精度	$15_{0}^{+0.02}$ mm（2 处）	8	超差不得分	
	表面粗糙度	$Ra1.6$（26 处）	12	Ra 值大 1 级扣 0.5 分	
其他项目	安全	安全文明生产		不符合要求则从总分扣 1～50 分，发生较大事故者不得分	
	工具设备使用	正确、规范使用工、量、刃具及设备，并做到合理保养		不符合要求则从总分扣 1～10 分	
	其他	操作姿势		不符合要求则从总分扣 1～5 分	
		工艺正确		不符合要求则从总分扣 1～5 分	
工时定额	5 h			超 1 h 以上不得分	

试题十一　大半圆弧三角组合（高级）

技术要求:

1. 件1配合面按件2尺寸配作;
2. 配合翻转180°，配合面间隙不大于0.04 mm;
3. 锐边倒角R0.3，60°尖角处去毛刺处理。

$\sqrt{Ra1.6}$($\sqrt{\ }$)

名　称	大半圆弧三角组合
等　级	高级
时　间	5小时

钳工高级工操作考件评分表

考件编号：_____　　　　　　　　　　　　　　　　　　　　　　总分：_____

考核项目	考核内容	考核要求	配分	评分标准	得分
主要项目	配合间隙	≤0.04 mm	20	每超差 0.01 mm 扣 2 分	
	尺寸精度	$12_{-0.04}^{0}$ mm（2 处）	20	每超差 0.01 mm 扣 3 分，超差 0.03 mm 不得分	
	尺寸精度	$\phi30_{-0.06}^{0}$	6	每超差 0.01 mm 扣 3 分，超差 0.03 不得分	
	尺寸精度	60°±2′	10	每超差 1′扣 3 分，超差 4′不得分	
	尺寸精度	(20±0.05) mm	10	超差不得分	
一般项目	尺寸精度	(55±0.06)mm（3 处）	12	每超差 0.01 mm 扣 3 分，超差 0.03 不得分	
	对称度	⟸ 0.04 A	10	每超差 0.01 mm 扣 1，超差 0.02 mm 得分	
	表面粗糙度	Ra1.6（10 处）	12	Ra 值大 1 级扣 0.5 分	
其他项目	安全	安全文明生产		不符合要求则从总分扣 1～50 分，发生较大事故者不得分	
	工具设备使用	正确、规范使用工、量、刃具及设备，并做到合理保养		不符合要求则从总分扣 1～10 分	
	其他	操作姿势		不符合要求则从总分扣 1～5 分	
		工艺正确		不符合要求则从总分扣 1～5 分	
工时定额	5 h			超 1 h 以上不得分	

试题十二　双三角间接配(高级)

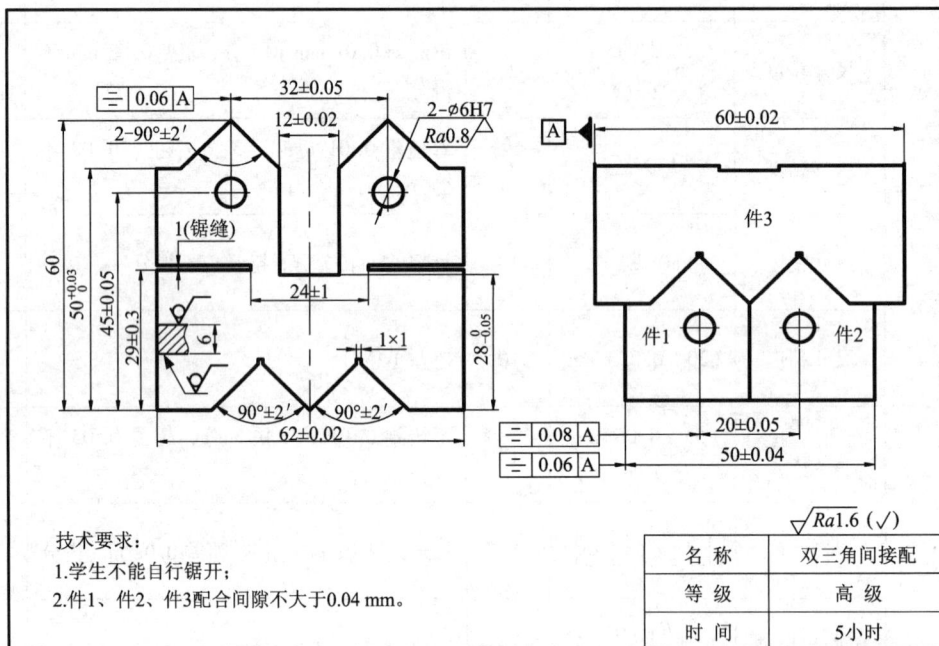

技术要求:

1.学生不能自行锯开;

2.件1、件2、件3配合间隙不大于0.04 mm。

$\sqrt{Ra1.6}$ (√)

名　称	双三角间接配
等　级	高　级
时　间	5小时

钳工高级工操作考件评分表

考件编号：_____　　　　　　　　　　　　　　　　　　　　总分：_____

考核项目	考核内容	考核要求	配分	评分标准	得分
主要项目	配合间隙	≤0.04 mm	18	每超差 0.01 mm 扣 2 分	
	尺寸精度	(32±0.05)mm	5	每超差 0.01 mm 扣 3 分，超差 0.03 mm 不得分	
	尺寸精度	(12±0.02)mm	5	每超差 0.01 mm 扣 3 分，超差 0.03 mm 不得分	
	尺寸精度	(20±0.05)mm	6	超差不得分	
	尺寸精度	(50±0.04)mm	6	超差不得分	
	尺寸精度	$50^{+0.03}_{0}$ mm	5	每超差 0.01 mm 扣 3 分，超差 0.03 mm 不得分	
	尺寸精度	90°±2′（4 处）	10	超差不得分	
	对称度	⟌ 0.06 A	10	每超差 0.01 mm 扣 3，超差 0.03 mm 得分	
一般项目	尺寸精度	(45±0.05)mm	5	超差不得分	
	尺寸精度	(29±0.3)mm	5	超差不得分	
	尺寸精度	(60±0.02)mm	5	超差不得分	
	尺寸精度	$28^{0}_{-0.05}$ mm	5	超差不得分	
	对称度	⟌ 0.08 A	5	每超差 0.01 mm 扣 2 分，超差 0.03 mm 不得分	
	表面粗糙度	$Ra1.6$	10	Ra 值大 1 级扣 0.5 分	
其他项目	安全	安全文明生产		不符合要求则从总分扣 1～50 分，发生较大事故者不得分	
	工具设备使用	正确、规范使用工、量、刃具及设备，并做到合理保养		不符合要求则从总分扣 1～10 分	
	其他	操作姿势		不符合要求则从总分扣 1～5 分	
		工艺正确		不符合要求则从总分扣 1～5 分	
工时定额	5 h			超 1 h 以上不得分	

参考文献

［1］熊越东，徐忠兰. 机械零件的手动加工［M］. 北京：机械工业出版社，2013.

［2］劳动和社会保障部教材办公室组织编写. 装配钳工（高级）［M］. 北京：中国劳动社会保障出版社，2007.

［3］人力资源和社会保障部教材办公室组织编写. 机械钳工工艺与技能［M］. 北京：中国劳动社会保障出版社，2011.

［4］孙晓华，曹洪利. 装配钳工工艺与实训［M］. 北京：机械工业出版社，2013.

［5］曾尚艮，刘紫阳. 装配钳工国家职业技能鉴定指南［M］. 北京：电子工业出版社，2012.

［6］王新年. 机械制图［M］. 北京：电子工业出版社，2017.

［7］黄颖. 公差配合与测量［M］. 北京：化学工业出版社，2017.